교과서 연계 연산 강화 프로젝트
속도와 정확성을 동시에 잡는 연산 훈련서

KB029673

쌤과 맘

# 쌍둥이 연산노트

초등 1단계

# 1·1 예습책

1일 2쪽 한 달 완성

이젠교육 EZEN EDUCATION

**이젠수학연구소 지음**

이젠수학연구소는 유아에서 초중고까지 학생들이 수학의 바른길을 찾아갈 수 있도록 수학 학습법을 연구하는 이젠교육의 수학 연구소입니다. 수학 실력은 하루아침에 완성되지 않으며, 다양한 경험을 통해 발달합니다. 그길에 친구가 되고자 노력합니다.

**쌤과 맘이 만든**

**쌍둥이 연산 노트 1-1 예습책 (초등 1단계)**


| | | | |
|---|---|---|---|
| 지 은 이 | 이젠수학연구소 | 개발책임 | 최철훈 |
| 펴 낸 이 | 임요병 | 편 집 | ㈜성지이디피 |
| 펴 낸 곳 | ㈜이젠미디어 | 디 자 인 | 이순주, 최수연 |
| 출판등록 | 제 2020-000073호 | 제 작 | 이성기 |
| 주 소 | 서울시 영등포구 양평로 22길 21 코오롱디지털타워 404호 | 마 케 팅 | 김남미 |
| 전 화 | (02)324-1600 | 인스타그램 | @ezeneducation |
| 팩 스 | (031)941-9611 | 블 로 그 | http://blog.naver.com/ezeneducation |

**@이젠교육**

ISBN 979-11-90880-51-0


이 책은 저작권법에 의해 보호받는 저작물이므로 무단 전재 및 복제를 금합니다.
잘못 만들어진 책은 구입하신 서점에서 바꾸어 드립니다.

쌤과 맘이 만든

# 쌍둥이 연산노트

# 1·1

초등 1단계

# 예습책

쌍둥이 연산 노트

# 한눈에 보기

## 1학년

| 1학기 단원 | 학습 내용 |
|---|---|
| 9까지의 수 | · 9까지의 수의 순서 알기<br>· 수를 세어 크기 비교하기 |
| 덧셈 | · 9까지의 수 모으기<br>· 합이 9까지인 덧셈하기 |
| 뺄셈 | · 9까지의 수 가르기<br>· 한 자리 수의 뺄셈하기 |
| 50까지의 수 | · 십몇 알고 모으기와 가르기<br>· 50까지의 수의 순서 알기<br>· 50까지의 수의 크기 비교 |

| 2학기 단원 | 학습 내용 |
|---|---|
| 100까지의 수 | · 100까지의 수의 순서 알기<br>· 100까지 수의 크기 비교하기 |
| 덧셈(1) | · (몇십몇)+(몇십몇)<br>· 합이 한 자리 수인 세 수의 덧셈 |
| 뺄셈(1) | · (몇십몇)−(몇십몇)<br>· 계산 결과가 한 자리 수인 세 수의 뺄셈 |
| 덧셈(2) | · 세 수의 덧셈<br>· 받아올림이 있는 (몇)+(몇) |
| 뺄셈(2) | · 세 수의 뺄셈<br>· 받아내림이 있는 (십몇)−(몇) |

## 2학년

| 1학기 단원 | 학습 내용 |
|---|---|
| 세 자리 수 | · 세 자리 수의 자릿값 알기<br>· 수의 크기 비교 |
| 덧셈 | · 받아올림이 있는 (두 자리 수)+(두 자리 수)<br>· 세 수의 덧셈 |
| 뺄셈 | · 받아내림이 있는 (두 자리 수)−(두 자리 수)<br>· 세 수의 뺄셈 |
| 곱셈 | · 몇 배인지 알아보기<br>· 곱셈식으로 나타내기 |

| 2학기 단원 | 학습 내용 |
|---|---|
| 네 자리 수 | · 네 자리 수 알기<br>· 두 수의 크기 비교 |
| 곱셈구구 | · 2~9단 곱셈구구<br>· 1의 단, 0과 어떤 수의 곱 |
| 길이 재기 | · 길이의 합<br>· 길이의 차 |
| 시각과 시간 | · 시각 읽기<br>· 시각과 분 사이의 관계<br>· 하루, 1주일, 달력 알기 |

## 3학년

| 1학기 단원 | 학습 내용 |
|---|---|
| 덧셈 | · 받아올림이 있는 (세 자리 수)+(세 자리 수) |
| 뺄셈 | · 받아내림이 있는 (세 자리 수)−(세 자리 수) |
| 나눗셈 | · 곱셈과 나눗셈의 관계<br>· 나눗셈의 몫 구하기 |
| 곱셈 | · 올림이 있는 (몇십몇)×(몇) |
| 길이와 시간의 덧셈과 뺄셈 | · 길이의 덧셈과 뺄셈<br>· 시간의 덧셈과 뺄셈 |
| 분수와 소수 | · 분모가 같은 분수의 크기 비교<br>· 소수의 크기 비교 |

| 2학기 단원 | 학습 내용 |
|---|---|
| 곱셈 | · 올림이 있는 (세 자리 수)×(한 자리 수)<br>· 올림이 있는 (몇십몇)×(몇십몇) |
| 나눗셈 | · 나머지가 있는 (몇십몇)÷(몇)<br>· 나머지가 있는 (세 자리 수)÷(한 자리 수) |
| 분수 | · 진분수, 가분수, 대분수<br>· 대분수를 가분수로 나타내기<br>· 가분수를 대분수로 나타내기<br>· 분모가 같은 분수의 크기 비교 |
| 들이와 무게 | · 들이의 덧셈과 뺄셈<br>· 무게의 덧셈과 뺄셈 |

**쌍둥이 연산 노트**는 수학 교과서의 연산과 관련된 모든 영역의 문제를
학교 수업 차시에 맞게 구성하였습니다.

## 4학년

### 1학기

| 단원 | 학습 내용 |
|---|---|
| 큰 수 | · 다섯 자리 수<br>· 천만, 천억, 천조 알기<br>· 수의 크기 비교 |
| 각도 | · 각도의 합과 차<br>· 삼각형의 세 각의 크기의 합<br>· 사각형의 네 각의 크기의 합 |
| 곱셈 | · (몇백)×(몇십)<br>· (세 자리 수)×(두 자리 수) |
| 나눗셈 | · (몇백몇십)÷(몇십)<br>· (세 자리 수)÷(두 자리 수) |

### 2학기

| 단원 | 학습 내용 |
|---|---|
| 분수의 덧셈 | · 분모가 같은 분수의 덧셈<br>· 진분수 부분의 합이 1보다 큰 대분수의 덧셈 |
| 분수의 뺄셈 | · 분모가 같은 분수의 뺄셈<br>· 받아내림이 있는 대분수의 뺄셈 |
| 소수의 덧셈 | · (소수 두 자리 수)+(소수 두 자리 수)<br>· 자릿수가 다른 소수의 덧셈 |
| 소수의 뺄셈 | · (소수 두 자리 수)−(소수 두 자리 수)<br>· 자릿수가 다른 소수의 뺄셈 |
| 다각형 | · 삼각형, 평행사변형, 마름모, 직사각형의 각도와 길이 구하기 |

## 5학년

### 1학기

| 단원 | 학습 내용 |
|---|---|
| 자연수의 혼합 계산 | · 덧셈, 뺄셈, 곱셈, 나눗셈이 섞여 있는 식 계산하기 |
| 약수와 배수 | · 약수와 배수<br>· 최대공약수와 최소공배수 |
| 약분과 통분 | · 약분과 통분<br>· 분수와 소수의 크기 비교 |
| 분수의 덧셈과 뺄셈 | · 받아올림이 있는 분수의 덧셈<br>· 받아내림이 있는 분수의 뺄셈 |
| 다각형의 둘레와 넓이 | · 정다각형의 둘레<br>· 사각형, 평행사변형, 삼각형, 마름모, 사다리꼴의 넓이 |

### 2학기

| 단원 | 학습 내용 |
|---|---|
| 어림하기 | · 올림, 버림, 반올림 |
| 분수의 곱셈 | · (분수)×(자연수)<br>· (자연수)×(분수)<br>· (분수)×(분수)<br>· 세 분수의 곱셈 |
| 소수의 곱셈 | · (소수)×(자연수)<br>· (자연수)×(소수)<br>· (소수)×(소수)<br>· 곱의 소수점의 위치 |
| 자료의 표현 | · 평균 구하기 |

## 6학년

### 1학기

| 단원 | 학습 내용 |
|---|---|
| 분수의 나눗셈 | · (자연수)÷(자연수)<br>· (분수)÷(자연수) |
| 소수의 나눗셈 | · (소수)÷(자연수)<br>· (자연수)÷(자연수) |
| 비와 비율 | · 비와 비율 구하기<br>· 비율을 백분율, 백분율을 비율로 나타내기 |
| 직육면체의 부피와 겉넓이 | · 직육면체의 부피와 겉넓이<br>· 정육면체의 부피와 겉넓이 |

### 2학기

| 단원 | 학습 내용 |
|---|---|
| 분수의 나눗셈 | · (진분수)÷(진분수)<br>· (자연수)÷(분수)<br>· (대분수)÷(대분수) |
| 소수의 나눗셈 | · (소수)÷(소수)<br>· (자연수)÷(소수)<br>· 몫을 반올림하여 나타내기 |
| 비례식과 비례배분 | · 간단한 자연수의 비로 나타내기<br>· 비례식과 비례배분 |
| 원주와 원의 넓이 | · 원주, 지름, 반지름 구하기<br>· 원의 넓이 구하기 |

# 구성과 유의점

| 단원 | 학습 내용 | 지도 시 유의점 | 표준 시간 |
|---|---|---|---|
| 9까지의 수 | 01 1, 2, 3, 4, 5 알기 | · 수 1, 2, 3, 4, 5의 개념을 알게 하고 세어 보게 합니다.<br>· 수 1, 2, 3, 4, 5를 쓰게 하고 물건의 수를 세어 보고 수를 쓰게 합니다. | 7분 |
| | 02 6, 7, 8, 9, 0 알기 | · 수 6, 7, 8, 9, 0의 개념을 알게 하고 세어 보게 합니다.<br>· 수 6, 7, 8, 9, 0을 쓰게 하고 물건의 수를 세어 보고 수를 쓰게 합니다. | 7분 |
| | 03 몇째 알기 | 순서가 있는 상황에서 첫째, 둘째, 셋째, 넷째, 다섯째, 여섯째, 일곱째, 여덟째, 아홉째의 순서를 알고 수로 나타내게 합니다. | 7분 |
| | 04 수의 순서 알기(1) | 1부터 9까지의 수의 순서를 알고 순서대로 알게 합니다. | 8분 |
| | 05 수의 순서 알기(2) | | 8분 |
| | 06 1 큰 수와 1 작은 수(1) | · 상황을 통하여 1만큼 더 큰 수와 1만큼 더 작은 수를 알게 합니다.<br>· 수판을 이용하여 1만큼 더 큰 수와 1만큼 더 작은 수를 알게 합니다. | 7분 |
| | 07 1 큰 수와 1 작은 수(2) | | 8분 |
| | 08 수의 크기 비교하기(1) | · 수를 비교하는 상황에서 많고 적음을 알게 합니다.<br>· 수 세기를 통하여 두 수의 크기를 비교하게 합니다. | 7분 |
| | 09 수의 크기 비교하기(2) | | 12분 |
| 덧셈 | 01 9까지의 두 수를 모으기(1) | · 9까지의 수를 구체물을 이용한 실제로 해 보기 전략으로 모으기를 하게 합니다.<br>· 9까지의 수를 모이기를 하게 합니다.<br>· 구체물을 이용하여 합하는 활동을 통해 덧셈의 의미를 이해하게 합니다. | 7분 |
| | 02 9까지의 두 수를 모으기(2) | | 10분 |
| | 03 9까지의 세 수를 모으기(1) | | 7분 |
| | 04 9까지의 세 수를 모으기(2) | | 8분 |
| | 05 합이 9까지인 두 수 덧셈하기(1) | · 덧셈 상황을 인식하고 구체물이나 손가락을 이용하여 덧셈을 하게 합니다.<br>· 구체적인 활동을 기초로 덧셈 상황을 +, = 기호를 사용하여 덧셈식을 쓰고 읽게 합니다. | 9분 |
| | 06 합이 9까지인 두 수 덧셈하기(2) | | 13분 |
| | 07 합이 9까지인 세 수 덧셈하기(1) | | 9분 |
| | 08 합이 9까지인 세 수 덧셈하기(2) | | 13분 |

◆ 차시별 2쪽 구성으로 차시의 중요도별로 A~C단계로 2~6쪽까지 집중적으로 학습할 수 있습니다.
◆ 차시별 예습 2쪽+복습 2쪽 구성으로 시기별로 2번 반복할 수 있습니다.

| 단원 | 학습 내용 | 지도 시 유의점 | 표준 시간 |
|---|---|---|---|
| 뺄셈 | 01 9까지의 두 수로 가르기(1) | · 9까지의 수를 구체물을 이용한 실제로 해 보기 전략으로 가르기를 하게 합니다.<br>· 9까지의 수를 기르기를 하게 합니다.<br>· 구체물을 이용하여 덜어 내는 활동을 통해 뺄셈의 의미를 이해하게 합니다. | 7분 |
| | 02 9까지의 두 수로 가르기(2) | | 10분 |
| | 03 9까지의 세 수로 가르기(1) | | 7분 |
| | 04 9까지의 세 수로 가르기(2) | | 8분 |
| | 05 한 자리 수의 뺄셈하기(1) | · 뺄셈 상황을 인식하고 구체물이나 손가락을 이용하여 뺄셈을 하게 합니다.<br>· 구체적인 활동을 기초로 뺄셈 상황을 −, = 기호를 사용하여 뺄셈식을 쓰고 읽게 합니다. | 9분 |
| | 06 한 자리 수의 뺄셈하기(2) | | 13분 |
| | 07 세 수로 덧셈식 만들기 | · 다양한 문제 상황에서 덧셈과 뺄셈을 할 수 있도록 합니다.<br>· 덧셈식과 뺄셈식을 쓰고 읽고, 계산하게 합니다. | 9분 |
| | 08 세 수로 뺄셈식 만들기 | | 9분 |
| 50까지의 수 | 01 10 모으기와 가르기 | · 수 세기 활동에 중점을 두어 지도합니다.<br>· 10 모으기와 가르기를 할 수 있도록 합니다. | 10분 |
| | 02 십몇 알기 | · 11부터 19까지의 수를 10개씩 묶음과 낱개로 나타내게 합니다.<br>· 11부터 19까지의 수를 읽고 나타내게 합니다. | 7분 |
| | 03 십몇 모으기와 가르기(1) | · 10까지의 수를 모으기 합니다.<br>· 10까지의 수를 가르기 합니다. | 7분 |
| | 04 십몇 모으기와 가르기(2) | | 10분 |
| | 05 몇십 알기 | · 몇십을 10개씩 묶음 몇 개와 낱개 0개로 표현하게 합니다.<br>· 10, 20, 30, 40, 50을 세어 보고 읽게 합니다. | 8분 |
| | 06 몇십몇 알기(1) | · 몇십몇을 10개씩 묶음 몇 개와 낱개 몇 개로 표현하게 합니다.<br>· 몇십몇을 세어 쓰고 알게 합니다. | 7분 |
| | 07 몇십몇 알기(2) | | 7분 |
| | 08 50까지의 수의 순서 알기(1) | 50까지 수의 수 배열표에서 1만큼 더 큰 수와 1만큼 더 작은 수를 찾아보게 합니다. | 7분 |
| | 09 50까지의 수의 순서 알기(2) | | 8분 |
| | 10 50까지의 수의 크기 비교(1) | · 50까지 두 수의 크기를 비교하는 방법을 알게 합니다.<br>· 50까지 두 수의 크기를 비교하게 합니다. | 12분 |
| | 11 50까지의 수의 크기 비교(2) | | 12분 |

# 01 1, 2, 3, 4, 5 알기 A

**1부터 5까지의 수 쓰고 읽기**

| | 쓰기 | 읽기 |
|---|---|---|
| ♠ | 1 | 하나, 일 |
| ♠♠ | 2 | 둘, 이 |
| ♠♠♠ | 3 | 셋, 삼 |
| ♠♠♠♠ | 4 | 넷, 사 |
| ♠♠♠♠♠ | 5 | 다섯, 오 |

원리 비법 수는 **2가지 방법**으로 읽을 수 있어!

수를 알맞게 센 것에 ○표 하세요.

1. ♠
   1 2 3 4 5

2. ♠♠♠♠
   1 2 3 4 5

3. ♠♠♠
   1 2 3 4 5

4. ♠♠
   1 2 3 4 5

5. ♥♥♥♥♥
   1 2 3 4 5

6. ♥♥♥
   1 2 3 4 5

7. ♥♥
   1 2 3 4 5

8. ♥♥♥♥
   1 2 3 4 5

정답 84쪽

| 공부한 날짜 | 맞힌 개수 | 걸린 시간 |
| --- | --- | --- |
| 월 일 | /18 | 분 |

## 수를 세어 두 가지 방법으로 읽어 보세요.

9 ♦ ♦ ♦

→ ☐, ☐

10 ♦ ♦

→ ☐, ☐

11 ♦ ♦ ♦ ♦ ♦

→ ☐, ☐

12 ♦

→ ☐, ☐

13 ♦ ♦ ♦ ♦

→ ☐, ☐

14 ♣

→ ☐, ☐

15 ♣ ♣ ♣ ♣ ♣

→ ☐, ☐

16 ♣ ♣ ♣

→ ☐, ☐

17 ♣ ♣ ♣ ♣

→ ☐, ☐

18 ♣ ♣

→ ☐, ☐

# 02 6, 7, 8, 9, 0 알기 A

## 6부터 9까지의 수 쓰고 읽기 / 0 알기

| | 쓰기 | 읽기 |
|---|---|---|
| ♥♥♥♥♥♥ | 6 | 여섯, 육 |
| ♥♥♥♥♥♥♥ | 7 | 일곱, 칠 |
| ♥♥♥♥♥♥♥♥ | 8 | 여덟, 팔 |
| ♥♥♥♥♥♥♥♥♥ | 9 | 아홉, 구 |
| 아무 것도 없는 것을 0이라고 합니다. | 0 | 영 |

**원리 비법** 물건을 셀 때 **마지막에 센 수**가 수의 개수야!

수를 알맞게 센 것에 ○표 하세요.

1

6 7 8 9 0

2

6 7 8 9 0

3

6 7 8 9 0

4

6 7 8 9 0

5
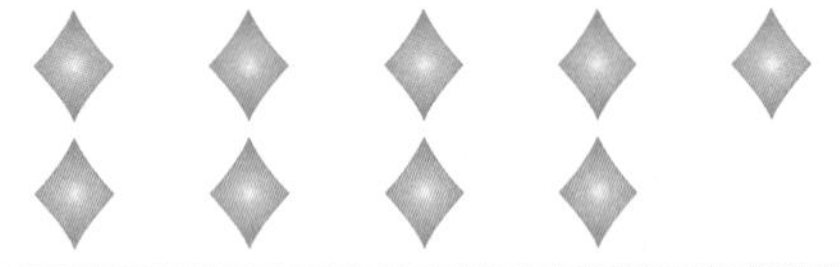
6 7 8 9 0

6
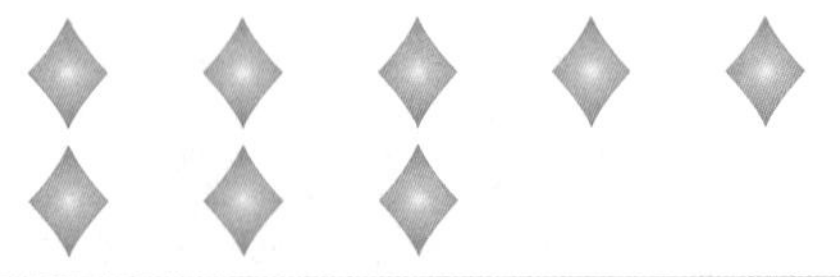
6 7 8 9 0

정답 84쪽

| 공부한 날짜 | 맞힌 개수 | 걸린 시간 |
| --- | --- | --- |
| 월 일 | /16 | 분 |

## 수를 세어 읽어 보세요.

7

8

9

10

11

12

13

14

15

16

# 03 몇째 알기 A

**수와 순서의 비교**

→ 왼쪽 / 오른쪽 ←

| | | | | | | | | | |
|---|---|---|---|---|---|---|---|---|---|
| 수 | 1 | 2 | 3 | 4 | 5 | 6 | 7 | 8 | 9 |
| | 하나 | 둘 | 셋 | 넷 | 다섯 | 여섯 | 일곱 | 여덟 | 아홉 |
| 순서 | 첫째 | 둘째 | 셋째 | 넷째 | 다섯째 | 여섯째 | 일곱째 | 여덟째 | 아홉째 |

원리 비법 하나, 둘, 셋 …… 은 **수**이고, 첫째, 둘째, 셋째 …… 는 **순서**야!

빈 곳에 알맞은 수나 말을 써넣으세요.

**1**

| | | | | | | | | |
|---|---|---|---|---|---|---|---|---|
| 1 | | 3 | | 5 | 6 | 7 | 8 | |
| 하나 | 둘 | 셋 | | 다섯 | | 일곱 | 여덟 | |
| 첫째 | | 셋째 | 넷째 | 다섯째 | 여섯째 | 일곱째 | 여덟째 | 아홉째 |

**2**

| | | | | | | | | |
|---|---|---|---|---|---|---|---|---|
| | 2 | 3 | | | 6 | 7 | | 9 |
| 하나 | | 셋 | | 다섯 | | 일곱 | | 아홉 |
| 첫째 | 둘째 | 셋째 | 넷째 | 다섯째 | 여섯째 | | 여덟째 | 아홉째 |

**3**

| | | | | | | | | |
|---|---|---|---|---|---|---|---|---|
| 1 | | 3 | 4 | 5 | | 7 | | 9 |
| 하나 | | 셋 | 넷 | 다섯 | 여섯 | 일곱 | | |
| 첫째 | 둘째 | 셋째 | | 다섯째 | | | 여덟째 | |

**4**

| | | | | | | | | |
|---|---|---|---|---|---|---|---|---|
| 1 | 2 | | 4 | | 6 | | 8 | 9 |
| | 둘 | | 넷 | 다섯 | 여섯 | | 여덟 | |
| | 둘째 | 셋째 | 넷째 | | 여섯째 | 일곱째 | 여덟째 | |

정답 84쪽

| 공부한 날짜 | 맞힌 개수 | 걸린 시간 |
|---|---|---|
| 월 일 | /10 | 분 |

## 알맞게 색칠하세요.

**5**

| | | | | | | | | | |
|---|---|---|---|---|---|---|---|---|---|
| 다섯 | ☆ | ☆ | ☆ | ☆ | ☆ | ☆ | ☆ | ☆ | ☆ |
| 다섯째 | ☆ | ☆ | ☆ | ☆ | ☆ | ☆ | ☆ | ☆ | ☆ |

**6**

| | | | | | | | | | |
|---|---|---|---|---|---|---|---|---|---|
| 여섯 | ☆ | ☆ | ☆ | ☆ | ☆ | ☆ | ☆ | ☆ | ☆ |
| 여섯째 | ☆ | ☆ | ☆ | ☆ | ☆ | ☆ | ☆ | ☆ | ☆ |

**7**

| | | | | | | | | | |
|---|---|---|---|---|---|---|---|---|---|
| 둘 | ☆ | ☆ | ☆ | ☆ | ☆ | ☆ | ☆ | ☆ | ☆ |
| 둘째 | ☆ | ☆ | ☆ | ☆ | ☆ | ☆ | ☆ | ☆ | ☆ |

**8**

| | | | | | | | | | |
|---|---|---|---|---|---|---|---|---|---|
| 셋 | ☆ | ☆ | ☆ | ☆ | ☆ | ☆ | ☆ | ☆ | ☆ |
| 셋째 | ☆ | ☆ | ☆ | ☆ | ☆ | ☆ | ☆ | ☆ | ☆ |

**9**

| | | | | | | | | | |
|---|---|---|---|---|---|---|---|---|---|
| 아홉 | ☆ | ☆ | ☆ | ☆ | ☆ | ☆ | ☆ | ☆ | ☆ |
| 아홉째 | ☆ | ☆ | ☆ | ☆ | ☆ | ☆ | ☆ | ☆ | ☆ |

**10**

| | | | | | | | | | |
|---|---|---|---|---|---|---|---|---|---|
| 일곱 | ☆ | ☆ | ☆ | ☆ | ☆ | ☆ | ☆ | ☆ | ☆ |
| 일곱째 | ☆ | ☆ | ☆ | ☆ | ☆ | ☆ | ☆ | ☆ | ☆ |

# 04 수의 순서 알기

A

**수의 순서 알아보기**

1 다음은 2, 2 다음은 3, 3 다음은 4……로 수를 순서대로 쓰면 다음과 같습니다.

| 하나 | 둘 | 셋 | 넷 | 다섯 | 여섯 | 일곱 | 여덟 | 아홉 |
|---|---|---|---|---|---|---|---|---|
| 1 | 2 | 3 | 4 | 5 | 6 | 7 | 8 | 9 |

→ 1부터 순서대로 쓰기

원리 비법 1부터 9까지의 수를 **순서대로** 써!

순서에 맞게 빈 곳에 알맞은 수를 써넣으세요.

❶

| | | | | |
|---|---|---|---|---|
| 1 | | 3 | 4 | |

❷

| | | | | |
|---|---|---|---|---|
| | 4 | | 6 | 7 |

❸

| | | | | |
|---|---|---|---|---|
| 5 | 6 | | | 9 |

❹

| | | | | |
|---|---|---|---|---|
| | 5 | | 7 | |

❺

| | | | | |
|---|---|---|---|---|
| 2 | 3 | | | 6 |

❻

| | | | | |
|---|---|---|---|---|
| 3 | 4 | | | 7 |

❼

| | | | | |
|---|---|---|---|---|
| 2 | 3 | | | 6 |

❽

| | | | | |
|---|---|---|---|---|
| 5 | | 7 | 8 | |

❾

| | | | | |
|---|---|---|---|---|
| | 2 | | | 5 |

❿

| | | | | |
|---|---|---|---|---|
| 4 | | 6 | | |

정답 84쪽

| 공부한 날짜 | 맞힌 개수 | 걸린 시간 |
|---|---|---|
| 월 일 | /22 | 분 |

순서에 맞게 빈 곳에 알맞은 말을 써넣으세요.

| 번호 | | | | | |
|---|---|---|---|---|---|
| 11 | 하나 | 둘 | 셋 | | |
| 12 | | 셋 | 넷 | | 여섯 |
| 13 | 넷 | | 여섯 | 일곱 | |
| 14 | 셋 | 넷 | | | 일곱 |
| 15 | 다섯 | | | 여덟 | 아홉 |
| 16 | 둘 | | 넷 | | 여섯 |
| 17 | | 삼 | | 오 | 육 |
| 18 | | | 육 | 칠 | 팔 |
| 19 | 오 | | 칠 | | 구 |
| 20 | 이 | | 사 | | 육 |
| 21 | | | 삼 | 사 | 오 |
| 22 | 삼 | 사 | | | 칠 |

# 05 수의 순서 알기

B

**○ 수의 순서를 거꾸로 하여 알아보기**

9 앞은 8, 8 앞은 7, 7 앞은 6……으로 수의 순서를 거꾸로 쓰면 다음과 같습니다.

| 아홉 | 여덟 | 일곱 | 여섯 | 다섯 | 넷 | 셋 | 둘 | 하나 |
|---|---|---|---|---|---|---|---|---|
| 9 | 8 | 7 | 6 | 5 | 4 | 3 | 2 | 1 |

→ 9부터 순서를 거꾸로 쓰기

원리 비법 9부터 **순서를 거꾸로** 하여 써!

순서를 거꾸로 하여 빈 곳에 알맞은 수를 써넣으세요.

❶ 6 - ☐ - 4 - ☐ - 2

❷ ☐ - 5 - 4 - 3 - ☐

❸ 8 - ☐ - 6 - 5 - ☐

❹ ☐ - 8 - ☐ - 6 - 5

❺ ☐ - 6 - 5 - 4 - ☐

❻ 9 - ☐ - 7 - ☐ - 5

❼ 8 - 7 - ☐ - ☐ - 4

❽ ☐ - 4 - 3 - 2 - ☐

❾ 7 - ☐ - ☐ - 4 - 3

❿ ☐ - ☐ - 3 - 2 - 1

정답 85쪽

| 공부한 날짜 | 맞힌 개수 | 걸린 시간 |
|---|---|---|
| 월 일 | /22 | 분 |

순서를 거꾸로 하여 빈 곳에 알맞은 말을 써넣으세요.

| | | | | | |
|---|---|---|---|---|---|
| 11 | 여덟 | 일곱 | | | 넷 |
| 12 | 다섯 | | 셋 | 둘 | |
| 13 | | 다섯 | 넷 | | 둘 |
| 14 | 아홉 | 여덟 | | 여섯 | |
| 15 | 일곱 | | | 넷 | 셋 |
| 16 | 여섯 | 다섯 | | | 둘 |
| 17 | | 오 | | 삼 | 이 |
| 18 | 오 | | 삼 | | 일 |
| 19 | 칠 | | | 사 | 삼 |
| 20 | | 팔 | 칠 | 육 | |
| 21 | 육 | 오 | 사 | | |
| 22 | 팔 | | | 오 | 사 |

# 06 1 큰 수와 1 작은 수 A

**3보다 1만큼 더 작은 수와 1만큼 더 큰 수 알아보기**

➡ 3보다 1만큼 더 작은 수는 2이고, 3보다 1만큼 더 큰 수는 4입니다.

원리 비법 1만큼 더 큰 수는 **바로 뒤의 수**야!

그림의 수를 쓰고, 1만큼 더 작은 수와 1만큼 더 큰 수를 각각 써넣으세요.

1

• 1만큼 더 작은 수: ☐

• 1만큼 더 큰 수: ☐

2

• 1만큼 더 작은 수: ☐

• 1만큼 더 큰 수: ☐

3

• 1만큼 더 작은 수: ☐

• 1만큼 더 큰 수: ☐

4

• 1만큼 더 작은 수: ☐

• 1만큼 더 큰 수: ☐

5

• 1만큼 더 작은 수: ☐

• 1만큼 더 큰 수: ☐

6

• 1만큼 더 작은 수: ☐

• 1만큼 더 큰 수: ☐

정답 85쪽

| 공부한 날짜 | 맞힌 개수 | 걸린 시간 |
| --- | --- | --- |
| 월 일 | /16 | 분 |

주어진 수보다 **1**만큼 더 작은 수와 **1**만큼 더 큰 수를 각각 써넣으세요.

**7** 3

- 1만큼 더 작은 수: ☐
- 1만큼 더 큰 수: ☐

**8** 2

- 1만큼 더 작은 수: ☐
- 1만큼 더 큰 수: ☐

**9** 8

- 1만큼 더 작은 수: ☐
- 1만큼 더 큰 수: ☐

**10** 6

- 1만큼 더 작은 수: ☐
- 1만큼 더 큰 수: ☐

**11** 5

- 1만큼 더 작은 수: ☐
- 1만큼 더 큰 수: ☐

**12** 6

- 1만큼 더 작은 수: ☐
- 1만큼 더 큰 수: ☐

**13** 8

- 1만큼 더 작은 수: ☐
- 1만큼 더 큰 수: ☐

**14** 4

- 1만큼 더 작은 수: ☐
- 1만큼 더 큰 수: ☐

**15** 2

- 1만큼 더 작은 수: ☐
- 1만큼 더 큰 수: ☐

**16** 7

- 1만큼 더 작은 수: ☐
- 1만큼 더 큰 수: ☐

# 07 1 큰 수와 1 작은 수 B

○ 5보다 1 큰 수와 1 작은 수 알아보기

| 1 작은 수 | | 1큰 수 |
|---|---|---|
| 4 | 5 | 6 |
| 5 바로 앞의 수 | | 5 바로 뒤의 수 |

원리 비법 1 큰 수는 **바로 뒤의 수**, 1 작은 수는 **바로 앞의 수**야!

빈 곳에 알맞은 수를 써넣으세요.

| 번호 | 1 작은 수 | | 1큰 수 |
|---|---|---|---|
| 1 | | 4 | |
| 2 | | 5 | |
| 3 | | 7 | |
| 4 | | 3 | |
| 5 | | 2 | |
| 6 | | 8 | |
| 7 | | 6 | |
| 8 | | 2 | |
| 9 | | 5 | |
| 10 | | 8 | |

정답 85쪽

| 공부한 날짜 | 맞힌 개수 | 걸린 시간 |
|---|---|---|
| 월 일 | /24 | 분 |

빈 곳에 알맞은 수를 써넣으세요.

⑪ 6 —(1 큰 수)— □ —(1 큰 수)— □

⑫ 3 —(1 큰 수)— □ —(1 큰 수)— □

⑬ 1 —(1 큰 수)— □ —(1 큰 수)— □

⑭ 4 —(1 큰 수)— □ —(1 큰 수)— □

⑮ 2 —(1 큰 수)— □ —(1 큰 수)— □

⑯ 5 —(1 큰 수)— □ —(1 큰 수)— □

⑰ 7 —(1 큰 수)— □ —(1 큰 수)— □

⑱ 1 —(1 큰 수)— □ —(1 큰 수)— □

⑲ 2 —(1 큰 수)— □ —(1 큰 수)— □

⑳ 5 —(1 큰 수)— □ —(1 큰 수)— □

㉑ 3 —(1 큰 수)— □ —(1 큰 수)— □

㉒ 7 —(1 큰 수)— □ —(1 큰 수)— □

㉓ 6 —(1 큰 수)— □ —(1 큰 수)— □

㉔ 4 —(1 큰 수)— □ —(1 큰 수)— □

# 08 수의 크기 비교하기 A

**○ 6과 3을 그림으로 크기 비교하기**

| | | | | | | | | |
|---|---|---|---|---|---|---|---|---|
| ♣ | ♣ | ♣ | ♣ | ♣ | ♣ | | | |
| ♦ | ♦ | ♦ | | | | | | |

하나씩 연결하여 남는 쪽이 더 많습니다.

➡ ♣는 ♦보다 많습니다.

**원리 비법** 물건의 수를 비교할 때는 '**많다**', '**적다**'로 나타내!

알맞은 말에 ○표 하세요.

**1**

♣

♦ ♦ ♦ ♦ ♦

♣은 ♦보다 ( 많습니다 , 적습니다 ).

**4**

♣ ♣ ♣ ♣ ♣ ♣ ♣ ♣

♦ ♦ ♦ ♦ ♦

♣은 ♦보다 ( 많습니다 , 적습니다 ).

**2**

♣ ♣ ♣ ♣ ♣ ♣ ♣ ♣

♦ ♦ ♦ ♦ ♦ ♦

♣은 ♦보다 ( 많습니다 , 적습니다 ).

**5**

♣ ♣ ♣

♦ ♦ ♦ ♦ ♦

♣은 ♦보다 ( 많습니다 , 적습니다 ).

**3**

♣ ♣ ♣ ♣ ♣ ♣ ♣

♦ ♦ ♦ ♦ ♦ ♦ ♦ ♦

♣은 ♦보다 ( 많습니다 , 적습니다 ).

**6**

♣ ♣ ♣ ♣

♦ ♦ ♦

♣은 ♦보다 ( 많습니다 , 적습니다 ).

정답 85쪽

| 공부한 날짜 | 맞힌 개수 | 걸린 시간 |
|---|---|---|
| 월 일 | /16 | 분 |

## 더 많은 쪽에 ○표 하세요.

7

| | |
|---|---|
| ♦♦♦♦♦♦♦ | ♣♣♣♣♣ |
| | |

8

| | |
|---|---|
| ♦♦♦♦ | ♣♣♣♣♣♣♣ |
| | |

9

| | |
|---|---|
| ♦♦♦♦ | ♣ |
| | |

10

| | |
|---|---|
| ♦♦♦♦♦♦♦ | ♣♣♣♣♣♣♣♣ |
| | |

11

| | |
|---|---|
| ♦♦♦♦♦♦♦♦ | ♣♣♣♣♣♣ |
| | |

12

| | |
|---|---|
| ♦♦♦ | ♣♣♣♣ |
| | |

## 더 적은 쪽에 △표 하세요.

13

| | |
|---|---|
| ♦♦♦♦♦♦♦♦ | ♣♣♣ |
| | |

14

| | |
|---|---|
| ♦♦ | ♣♣♣♣♣♣ |
| | |

15

| | |
|---|---|
| ♦♦♦♦♦♦♦♦♦ | ♣♣♣♣♣♣♣♣ |
| | |

16

| | |
|---|---|
| ♦♦♦ | ♣♣♣♣♣♣♣ |
| | |

# 09 수의 크기 비교하기 B

**8과 5의 크기 비교하기**

| 8 | 5 |
|---|---|

- 8은 5보다 뒤의 수입니다. ➡ 8이 5보다 큽니다.
- 5는 8보다 앞의 수입니다. ➡ 5는 8보다 작습니다.

원리 비법 수의 크기를 비교할 때는 '**크다**', '**작다**'로 나타내!

더 큰 수에 ○표 하세요.

1 | 2 | 7 |

2 | 6 | 2 |

3 | 1 | 5 |

4 | 3 | 5 |

5 | 2 | 9 |

6 | 8 | 2 |

7 | 1 | 7 |

8 | 4 | 6 |

9 | 5 | 2 |

더 작은 수에 △표 하세요.

10 | 1 | 8 |

11 | 3 | 9 |

12 | 1 | 9 |

13 | 5 | 6 |

14 | 8 | 4 |

15 | 7 | 2 |

16 | 5 | 3 |

17 | 2 | 8 |

18 | 6 | 3 |

정답 86쪽

| 공부한 날짜 | 맞힌 개수 | 걸린 시간 |
| --- | --- | --- |
| 월 일 | /34 | 분 |

왼쪽의 수보다 큰 수를 모두 찾아 ○표 하세요.

⑲ 7 | 8 1 5 9

⑳ 3 | 2 1 7 8

㉑ 2 | 5 0 1 3

㉒ 6 | 2 7 5 9

㉓ 5 | 8 2 4 6

㉔ 1 | 0 7 1 4

㉕ 4 | 3 7 2 8

㉖ 3 | 2 0 7 4

왼쪽의 수보다 작은 수를 모두 찾아 △표 하세요.

㉗ 7 | 4 9 7 3

㉘ 6 | 8 4 2 7

㉙ 8 | 9 0 3 8

㉚ 2 | 1 3 5 0

㉛ 4 | 1 9 0 6

㉜ 5 | 6 1 5 3

㉝ 3 | 4 0 7 1

㉞ 6 | 2 9 8 4

# 01 9까지의 두 수를 모으기 A

### 2개와 4개를 모으기

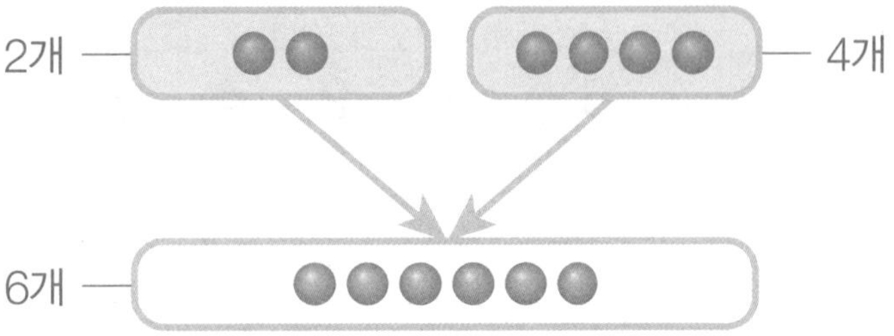


2개와 4개를 모으기 하면 6개가 됩니다.

**원리 비법** 그림의 개수를 모두 세면 **모으기의 개수**야!

빈 곳에 알맞은 수만큼 ○를 그려 보세요.

1 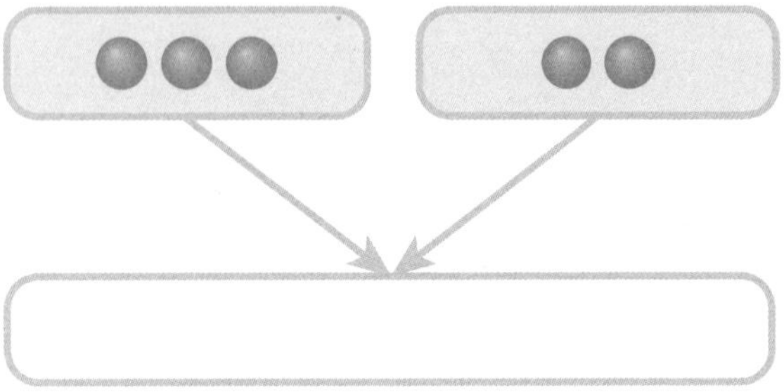

4 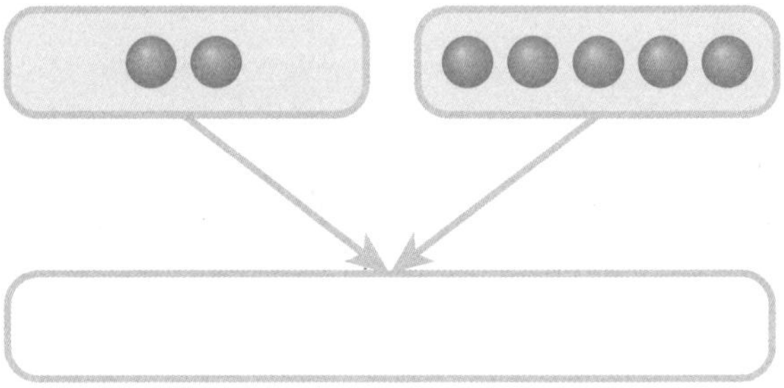

2 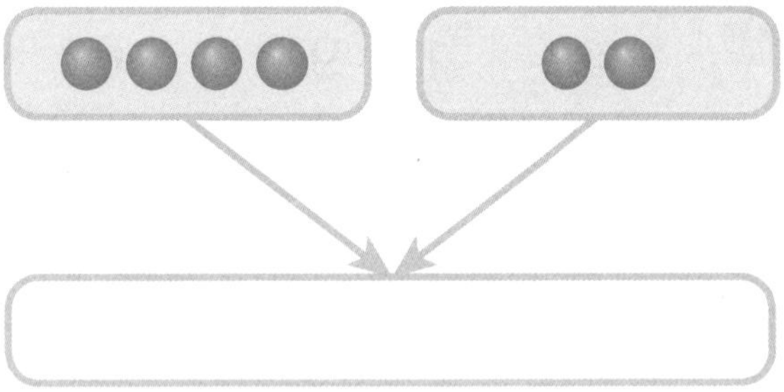

5 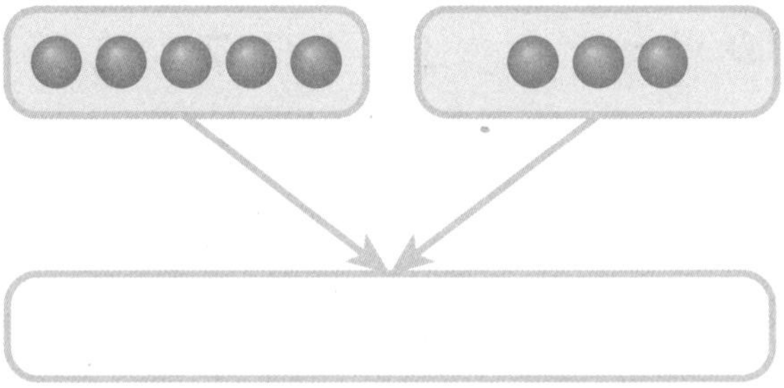

3 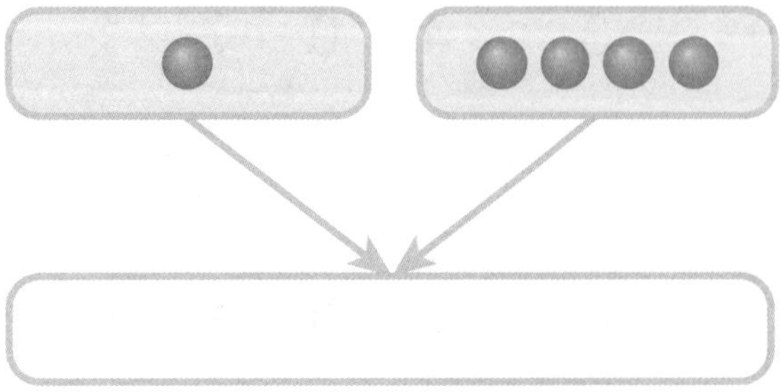

6 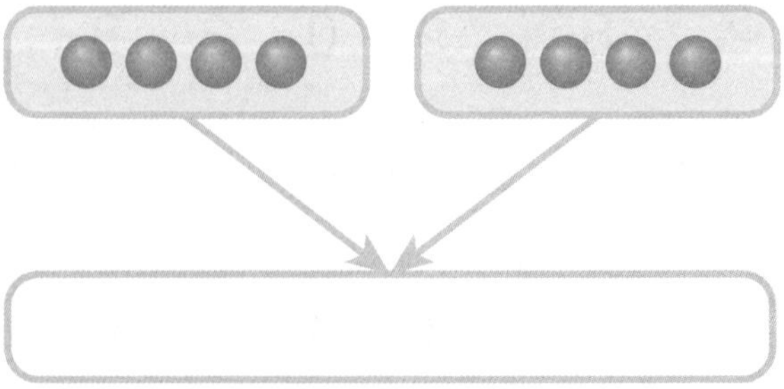

정답 87쪽

| 공부한 날짜 | 맞힌 개수 | 걸린 시간 |
|---|---|---|
| 월 일 | /16 | 분 |

빈 곳에 알맞은 수만큼 ○를 그려 보세요.

❼
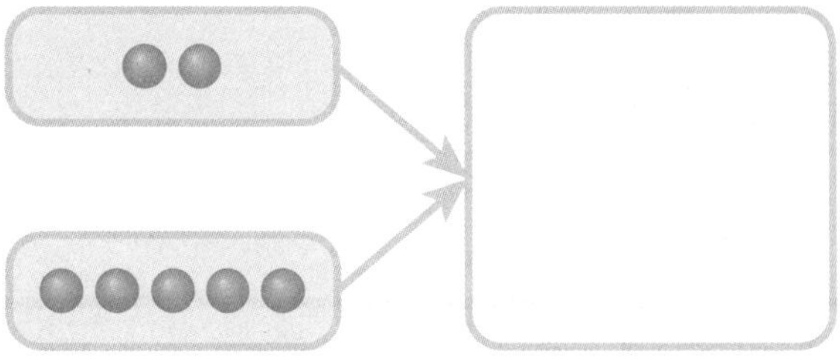

⓬
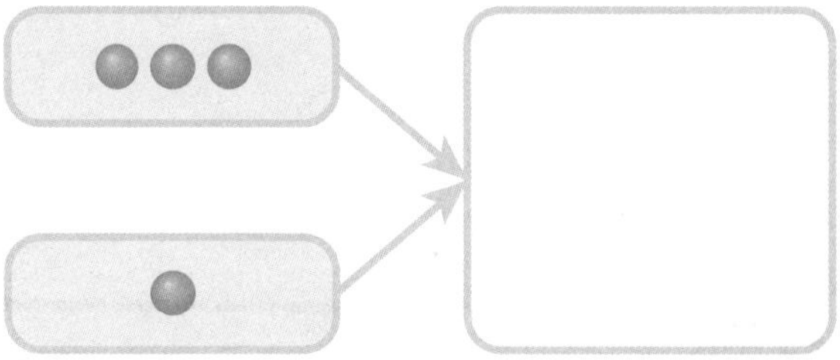

❽
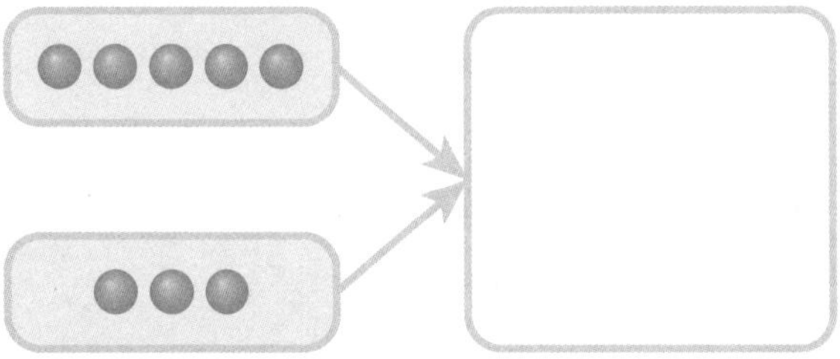

⓭
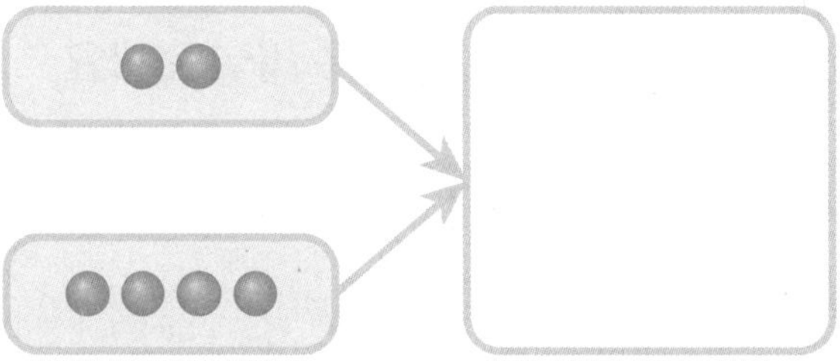

❾
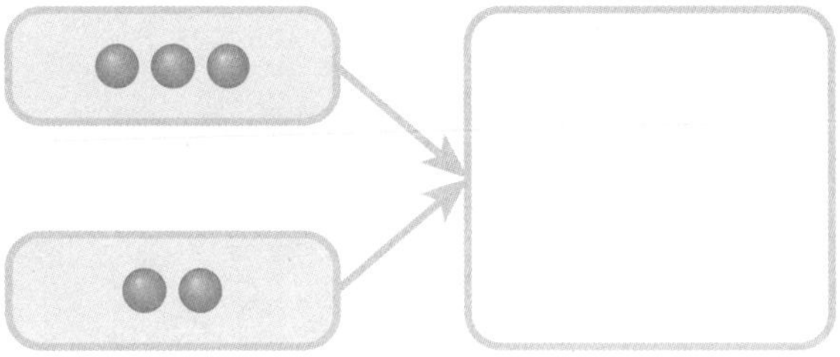

⓮
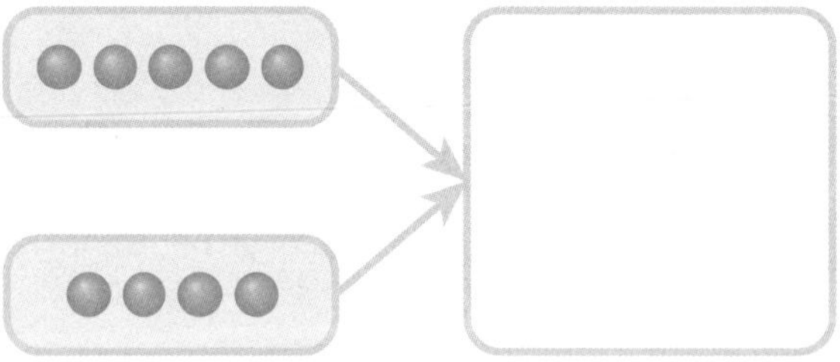

❿
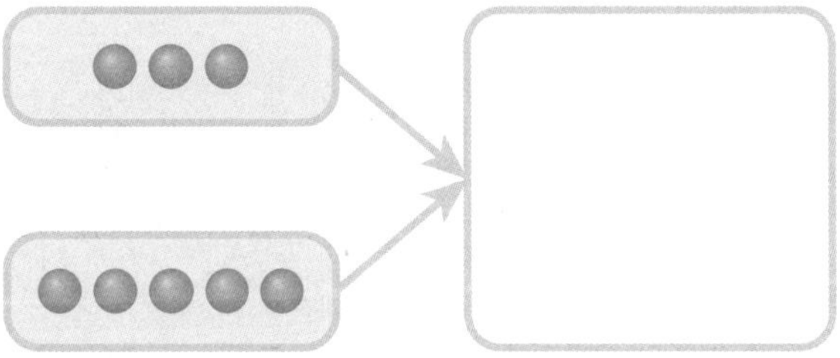

⓯
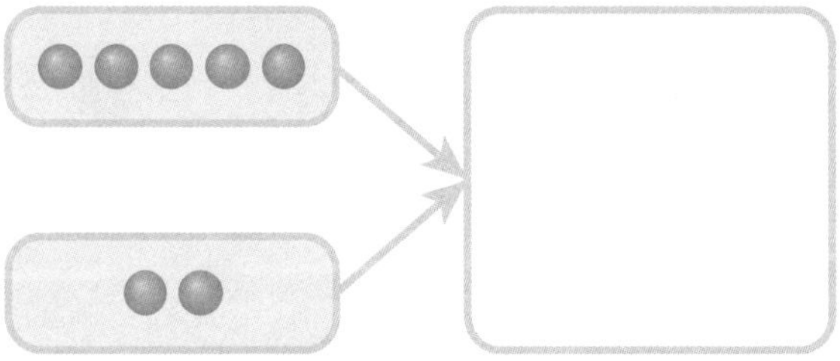

⓫
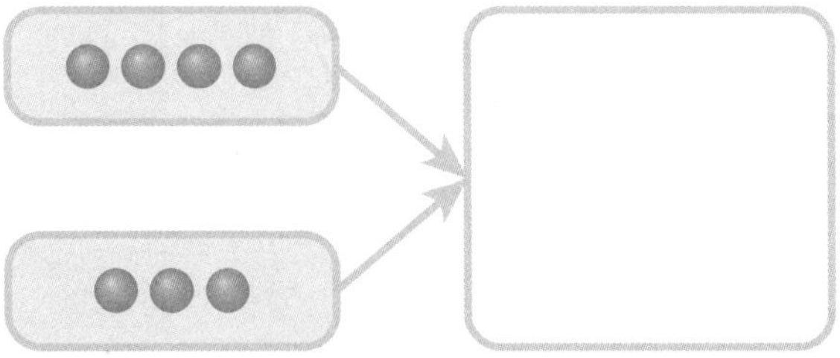

⓰
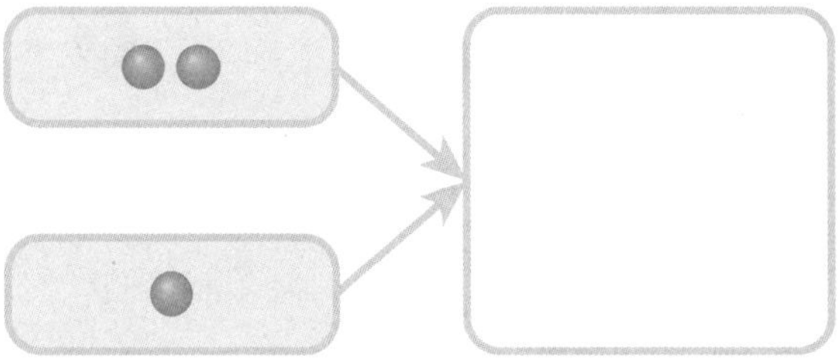

# 02 9까지의 두 수를 모으기 B

○ 6과 3을 모으기

6 3 → 9

➡ 6과 3을 모으기 하면 9가 됩니다.

원리 비법 두 수를 모으기는 두 수를 **하나의 수로 모으는 것**이야!

빈 곳에 알맞은 수를 써넣으세요.

❶ 8 1 → □

❺ 4 2 → □

❾ 6 1 → □

❷ 1 2 → □

❻ 5 2 → □

❿ 3 3 → □

❸ 1 3 → □

❼ 7 2 → □

⓫ 4 3 → □

❹ 2 6 → □

❽ 4 4 → □

⓬ 7 1 → □

정답 87쪽

| 공부한 날짜 | 맞힌 개수 | 걸린 시간 |
| --- | --- | --- |
| 월 일 | /27 | 분 |

빈 곳에 알맞은 수를 써넣으세요.

⑬ 2, 2 → □

⑭ 4, 4 → □

⑮ 3, 1 → □

⑯ 3, 4 → □

⑰ 2, 5 → □

⑱ 1, 5 → □

⑲ 3, 5 → □

⑳ 1, 1 → □

㉑ 5, 4 → □

㉒ 3, 3 → □

㉓ 2, 4 → □

㉔ 8, 1 → □

㉕ 4, 2 → □

㉖ 2, 7 → □

㉗ 6, 1 → □

# 03 9까지의 세 수를 모으기 A

## ○ 1개, 3개, 4개를 모으기

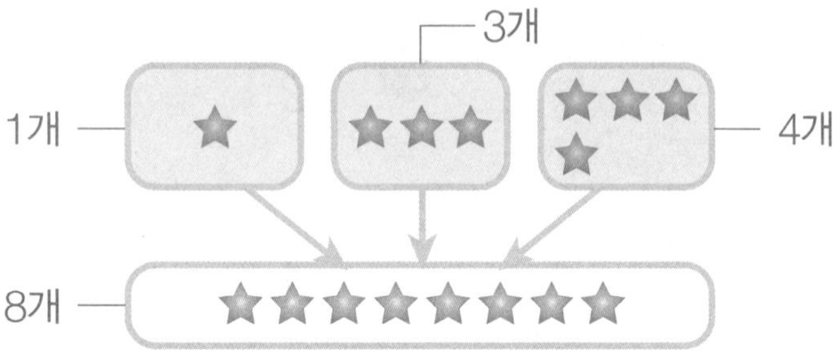


1개와 3개와 4개를 모으기 하면 8개가 됩니다.

원리 비법 그림의 개수를 모두 세면 **모이기의 개수**야!

빈 곳에 알맞은 수만큼 ○를 그려 보세요.

❶
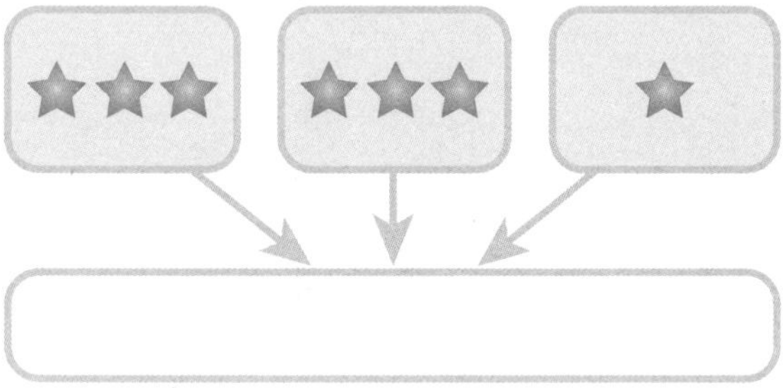

❹
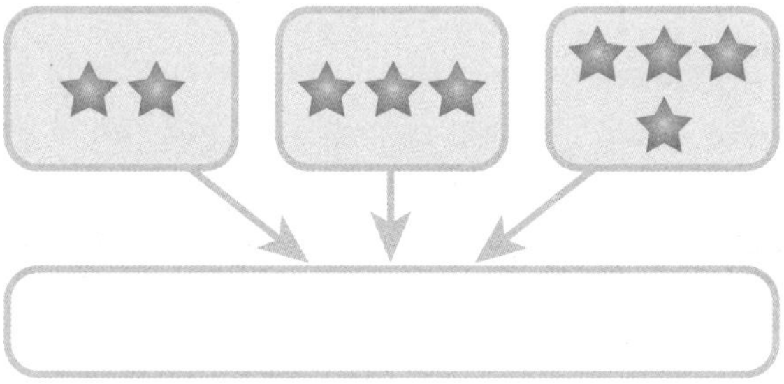

❷
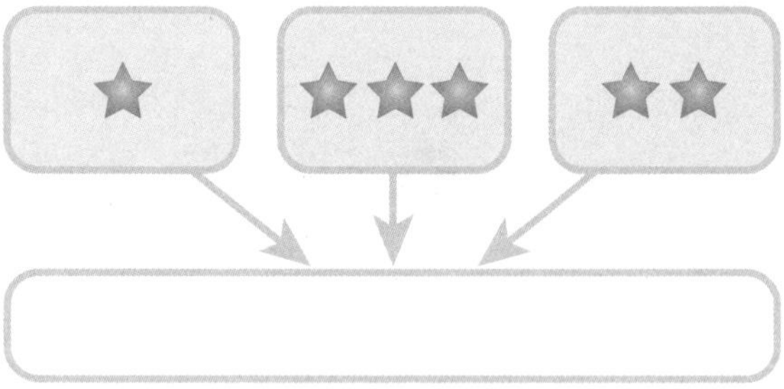

❺
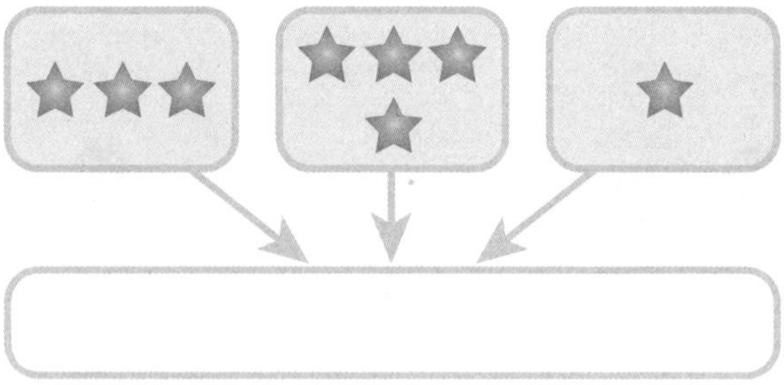

❸
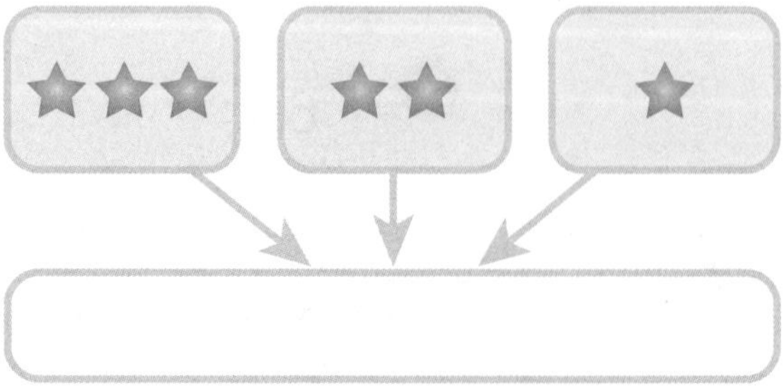

❻
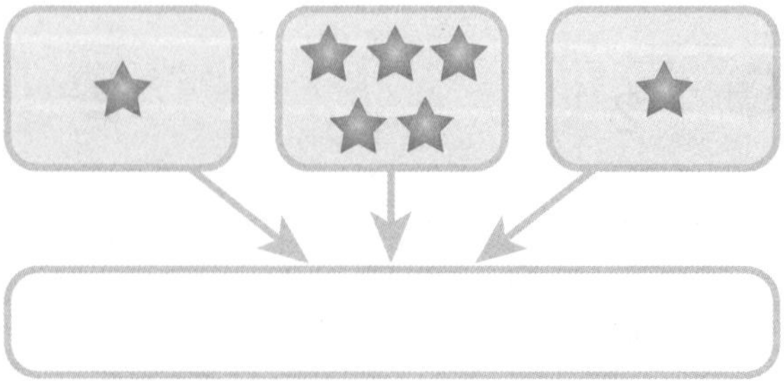

정답 87쪽

| 공부한 날짜 | 맞힌 개수 | 걸린 시간 |
|---|---|---|
| 월 일 | /16 | 분 |

빈 곳에 알맞은 수만큼 ○를 그려 보세요.

7
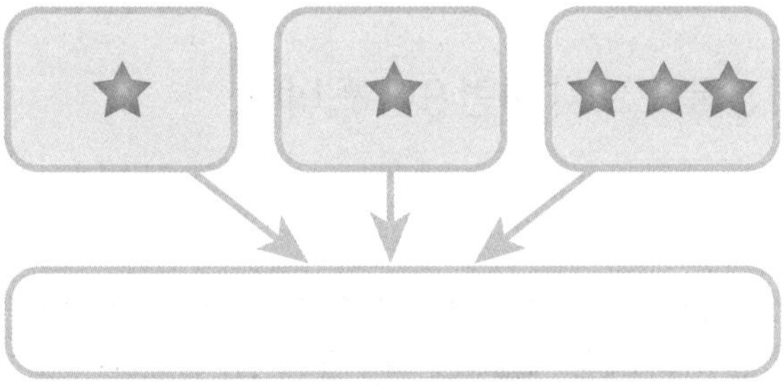

8
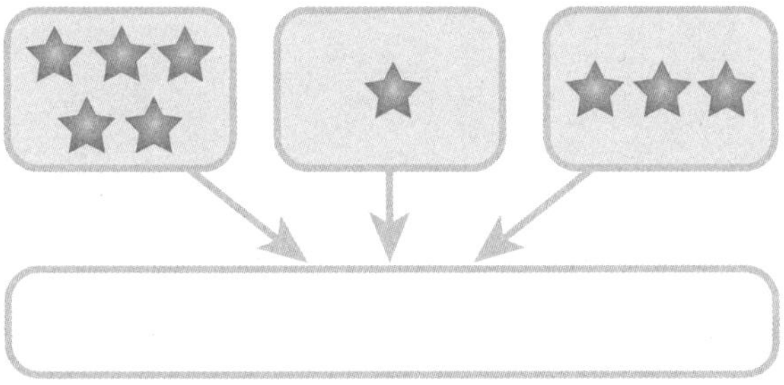

9
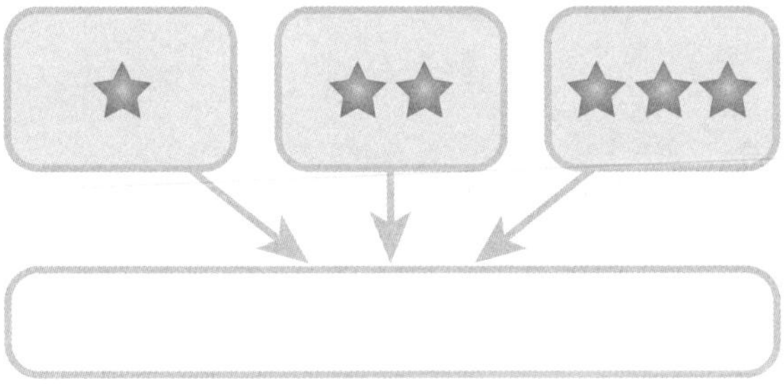

10
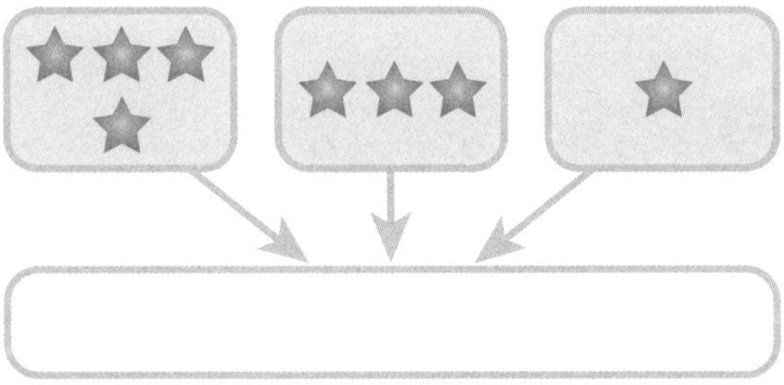

11
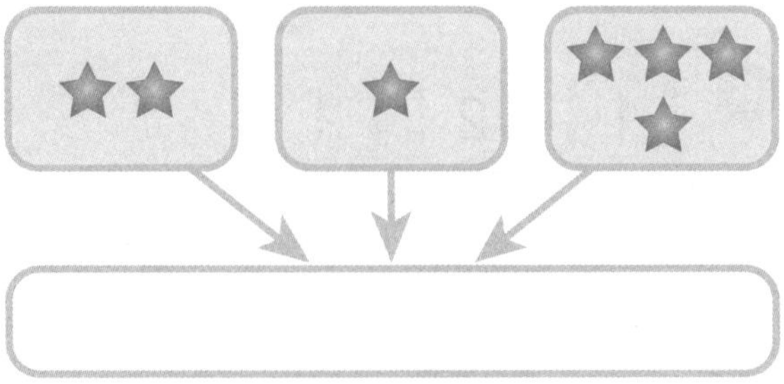

12
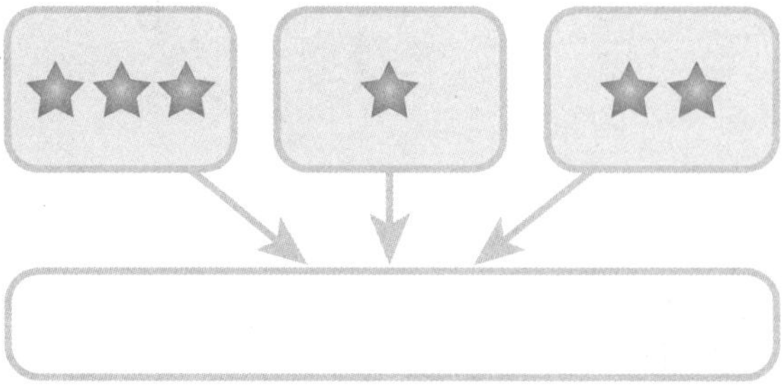

13
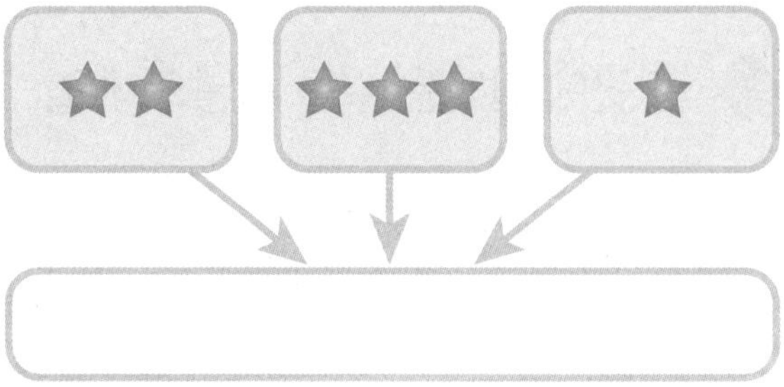

14
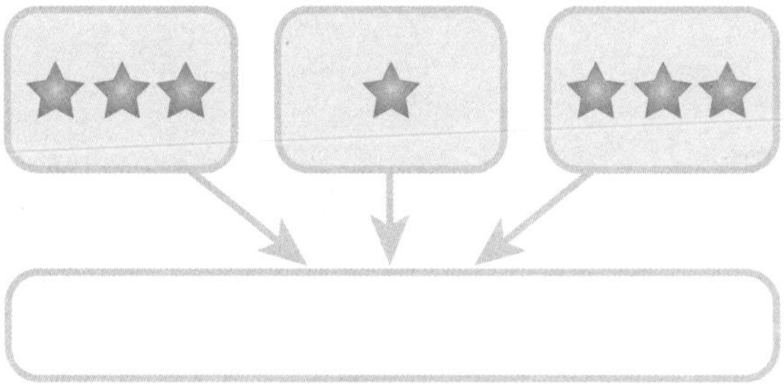

15

16
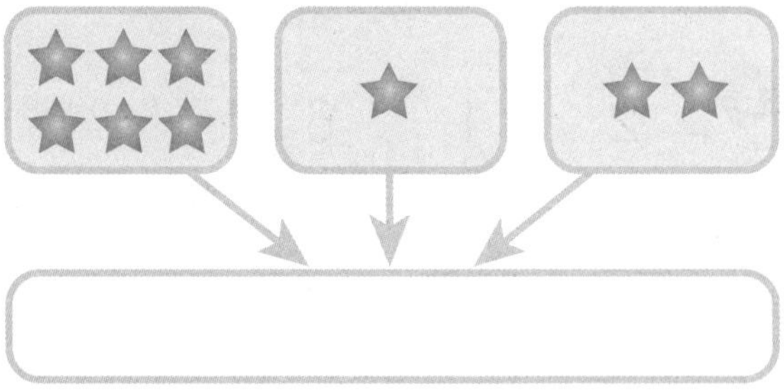

# 04 9까지의 세 수를 모으기 B

### 1, 2, 5를 모으기

1 2 5 → 8

➡ 1과 2와 5를 모으기 하면 8이 됩니다.

원리 비법 세 수를 모으기는 세 수를 **하나의 수로 모으는 것**이야!

빈 곳에 알맞은 수를 써넣으세요.

1. 5 3 1 → ☐
2. 3 1 2 → ☐
3. 1 1 6 → ☐
4. 2 1 6 → ☐
5. 1 1 4 → ☐
6. 2 1 1 → ☐
7. 3 3 3 → ☐
8. 1 2 1 → ☐

정답 87쪽

| 공부한 날짜 | 맞힌 개수 | 걸린 시간 |
| --- | --- | --- |
| 월 일 | /20 | 분 |

빈 곳에 알맞은 수를 써넣으세요.

9. 1, 6, 1 → □

10. 1, 3, 5 → □

11. 1, 4, 3 → □

12. 3, 1, 5 → □

13. 3, 2, 2 → □

14. 2, 1, 5 → □

15. 2, 1, 3 → □

16. 1, 1, 1 → □

17. 5, 3, 1 → □

18. 1, 2, 2 → □

19. 2, 3, 2 → □

20. 3, 1, 4 → □

# 05 합이 9까지인 두 수 덧셈하기 A

**○ 덧셈식을 쓰고, 읽기**

쓰기 2+3=5

읽기 2 더하기 3은 5와 같습니다.
2와 3의 합은 5입니다.

원리 비법 더하기는 '+'로, 같다는 '='로 나타내!

덧셈식을 쓰고, 읽어 보세요.

**1**

- 쓰기 ______________
- 읽기 ______________________

**4**

- 쓰기 ______________
- 읽기 ______________________

**2**

- 쓰기 ______________
- 읽기 ______________________

**5**

- 쓰기 ______________
- 읽기 ______________________

**3**

- 쓰기 ______________
- 읽기 ______________________

**6**

- 쓰기 ______________
- 읽기 ______________________

정답 88쪽

| 공부한 날짜 | 맞힌 개수 | 걸린 시간 |
| --- | --- | --- |
| 월 일 | /14 | 분 |

## 덧셈식을 쓰고, 읽어 보세요.

**7**

- 쓰기 ______________
- 읽기 ______________

**8**

- 쓰기 ______________
- 읽기 ______________

**9**

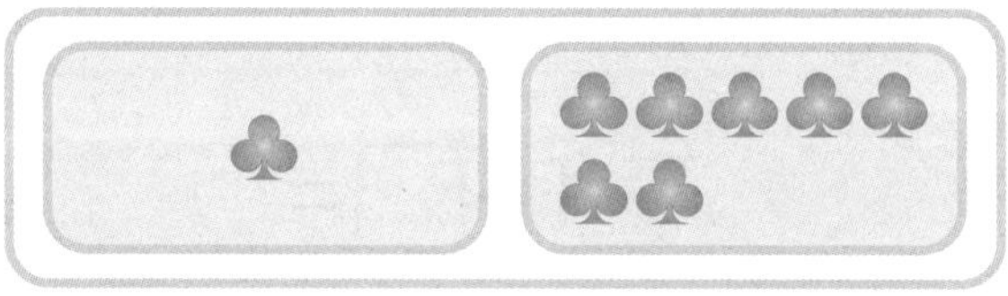

- 쓰기 ______________
- 읽기 ______________

**10**

- 쓰기 ______________
- 읽기 ______________

**11**

- 쓰기 ______________
- 읽기 ______________

**12**

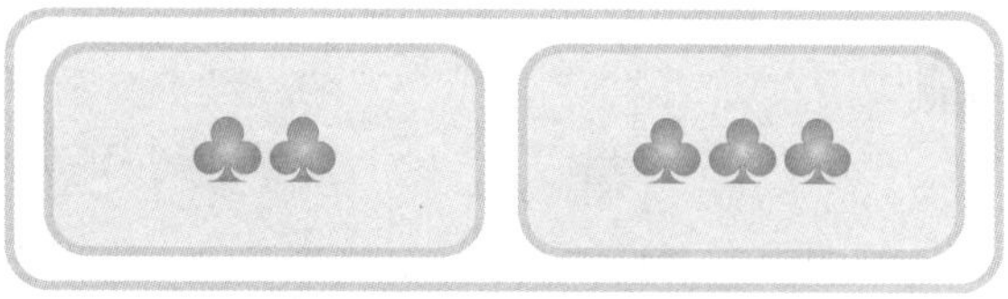

- 쓰기 ______________
- 읽기 ______________

**13**

- 쓰기 ______________
- 읽기 ______________

**14**

- 쓰기 ______________
- 읽기 ______________

# 06 합이 9까지인 두 수 덧셈하기 B

### 두 수를 덧셈하기

1 + 4 = 5

왼쪽 ♥ 의 수는 1이고 이어서 오른쪽 ♥ 의 수를 세면 2, 3, 4, 5입니다.

원리 비법 그림의 개수를 **하나씩 세어서** 계산할 수 있어!

□ 안에 알맞은 수를 써넣으세요.

1 

1 + □ = □

2 

3 + □ = □

3 

2 + □ = □

4 

4 + □ = □

5 

5 + □ = □

6 

1 + □ = □

7 

7 + □ = □

8 

6 + □ = □

정답 88쪽

| 공부한 날짜 | 맞힌 개수 | 걸린 시간 |
|---|---|---|
| 월 일 | /26 | 분 |

덧셈을 하세요.

⑨ 2+5=□

⑩ 4+2=□

⑪ 2+6=□

⑫ 4+5=□

⑬ 5+0=□

⑭ 1+2=□

⑮ 1+3=□

⑯ 5+3=□

⑰ 3+0=□

⑱ 1+7=□

⑲ 3+3=□

⑳ 6+2=□

㉑ 7+2=□

㉒ 4+4=□

㉓ 6+1=□

㉔ 5+4=□

㉕ 2+3=□

㉖ 1+8=□

# 07 합이 9까지인 세 수 덧셈하기 A

## ○ 덧셈식을 쓰고, 읽기

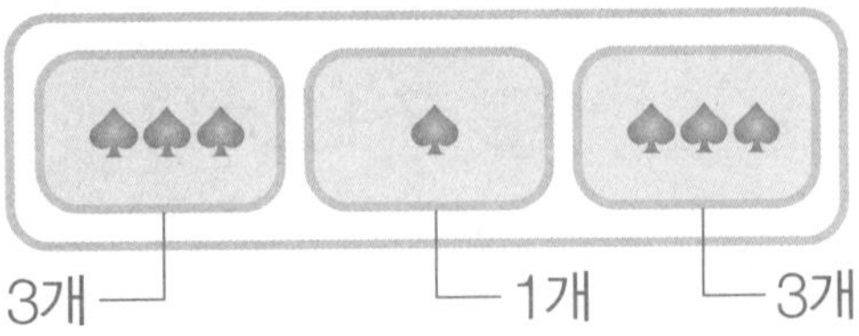


쓰기 3 + 1 + 3 = 7

읽기 3 더하기 1 더하기 3은 7과 같습니다.
3과 1과 3의 합은 7입니다.

원리 비법 **두 수**를 먼저 더하고 **나머지 수**를 더하면 돼!

덧셈식을 쓰고, 읽어 보세요.

1

- 쓰기 ____________________
- 읽기 ______________________________

2

- 쓰기 ____________________
- 읽기 ______________________________

3

- 쓰기 ____________________
- 읽기 ______________________________

4

- 쓰기 ____________________
- 읽기 ______________________________

5

- 쓰기 ____________________
- 읽기 ______________________________

6

- 쓰기 ____________________
- 읽기 ______________________________

정답 88쪽

| 공부한 날짜 | 맞힌 개수 | 걸린 시간 |
|---|---|---|
| 월 일 | /14 | 분 |

덧셈식을 쓰고, 읽어 보세요.

7

- 쓰기 ______________
- 읽기 ______________________

11

- 쓰기 ______________
- 읽기 ______________________

8

- 쓰기 ______________
- 읽기 ______________________

12

- 쓰기 ______________
- 읽기 ______________________

9

- 쓰기 ______________
- 읽기 ______________________

13

- 쓰기 ______________
- 읽기 ______________________

10

- 쓰기 ______________
- 읽기 ______________________

14

- 쓰기 ______________
- 읽기 ______________________

# 08 합이 9까지인 세 수 덧셈하기 B

## ○ 세 수를 덧셈하기

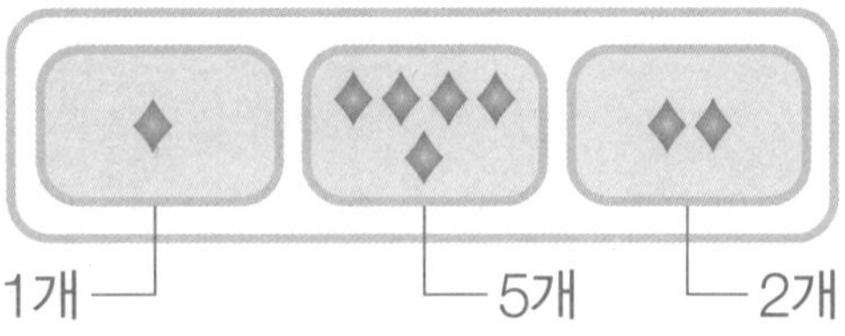


1 + 5 + 2 = 8

➡ 왼쪽 ◆의 수는 1이고 이어서 가운데 ◆의 수를 이어서 세면 2, 3, 4, 5, 6이고 이어서 오른쪽 ◆의 수를 이어서 세면 7, 8입니다.

원리 비법 그림의 개수를 **하나씩 세어서** 계산할 수 있어!

□ 안에 알맞은 수를 써넣으세요.

1. 

2 + □ + □ = □

2. 

6 + □ + □ = □

3. 

2 + □ + □ = □

4. 

4 + □ + □ = □

5. 

2 + □ + □ = □

6. 

3 + □ + □ = □

7. 

4 + □ + □ = □

8. 

3 + □ + □ = □

정답 89쪽

| 공부한 날짜 | 맞힌 개수 | 걸린 시간 |
| --- | --- | --- |
| 월 일 | /26 | 분 |

덧셈을 하세요.

❾ $5+2+1=\square$

⑮ $6+1+1=\square$

㉑ $4+1+4=\square$

⑩ $3+3+1=\square$

⑯ $4+1+2=\square$

㉒ $2+5+2=\square$

⑪ $2+2+0=\square$

⑰ $1+7+1=\square$

㉓ $2+1+3=\square$

⑫ $3+1+1=\square$

⑱ $2+1+2=\square$

㉔ $4+2+3=\square$

⑬ $5+3+1=\square$

⑲ $4+3+1=\square$

㉕ $0+2+3=\square$

⑭ $4+0+3=\square$

⑳ $5+1+1=\square$

㉖ $6+2+1=\square$

# 01 9까지의 두 수로 가르기 A

**○ 5개를 가르기**

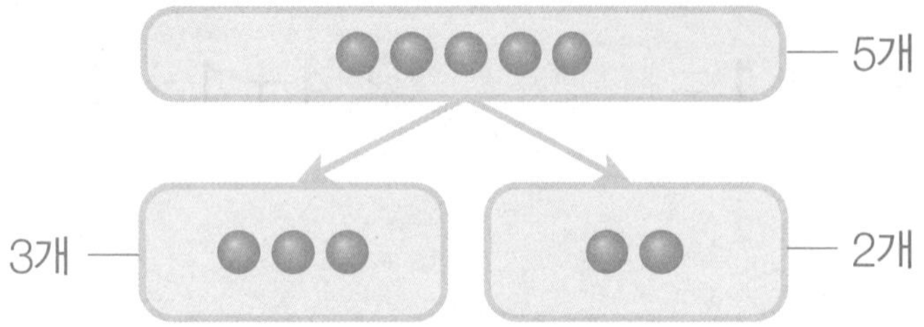


➔ 5개는 3개와 2개로 가르기 할 수 있습니다.

원리 비법 가르기 한 그림의 전체 개수는 **처음 그림의 개수**와 같아!

빈 곳에 알맞은 수만큼 ○를 그려 보세요.

1
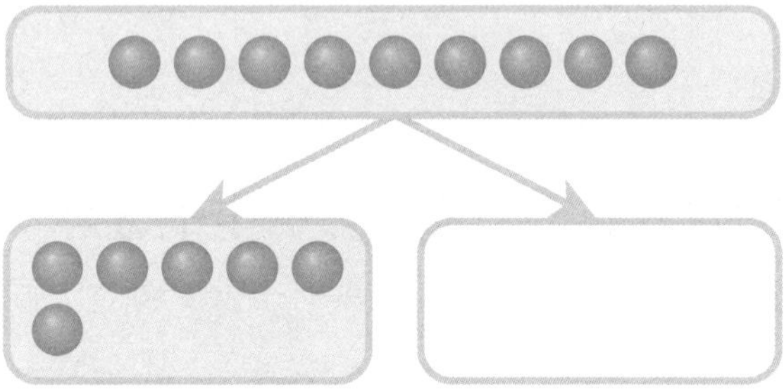

2
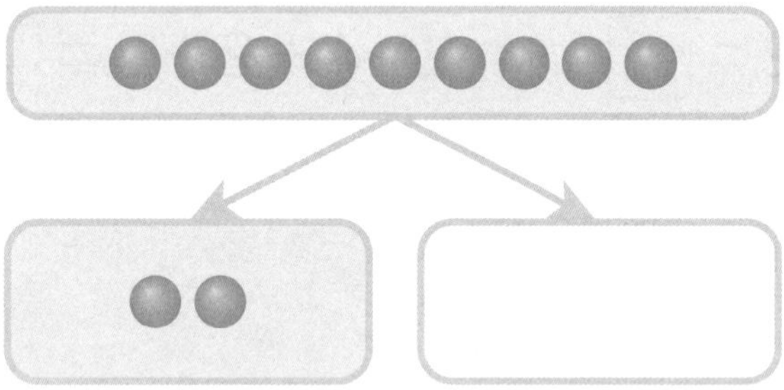

3
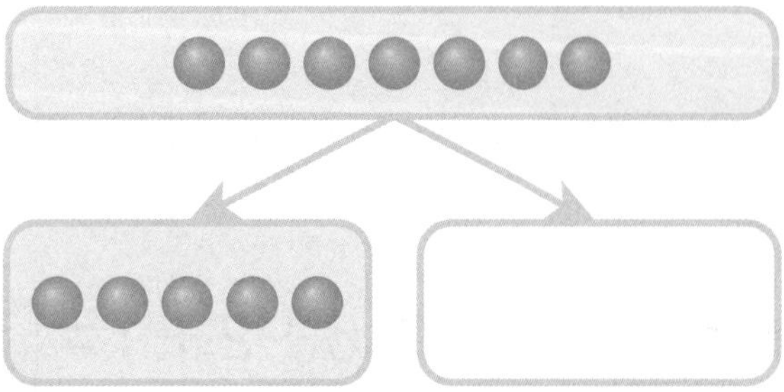

4
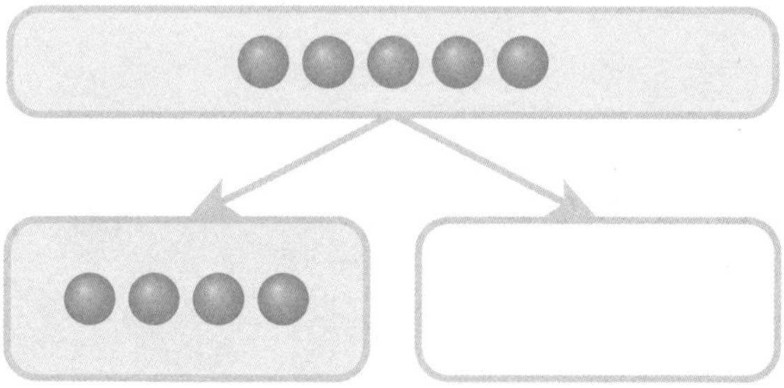

5
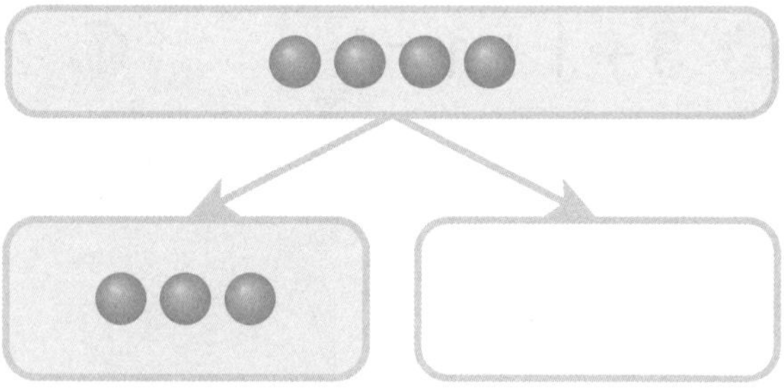

6
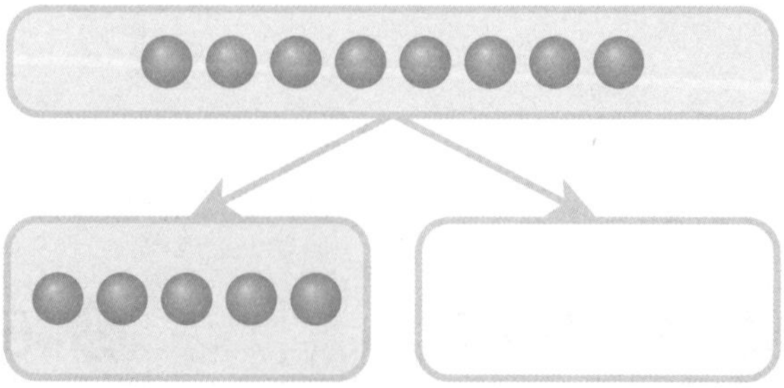

정답 90쪽

| 공부한 날짜 | 맞힌 개수 | 걸린 시간 |
| --- | --- | --- |
| 월 일 | /16 | 분 |

빈 곳에 알맞은 수만큼 ○를 그려 보세요.

❼

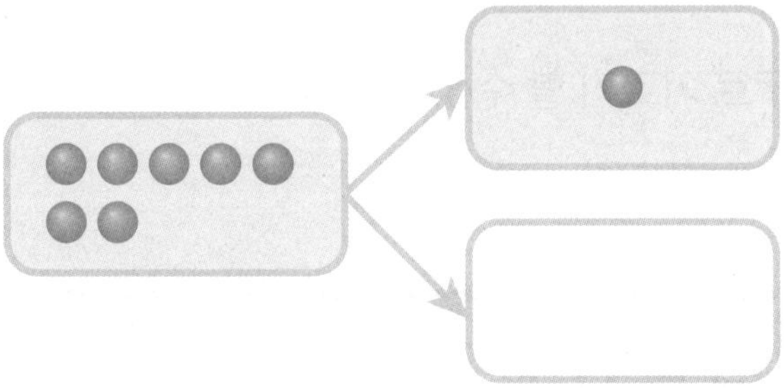

⓬

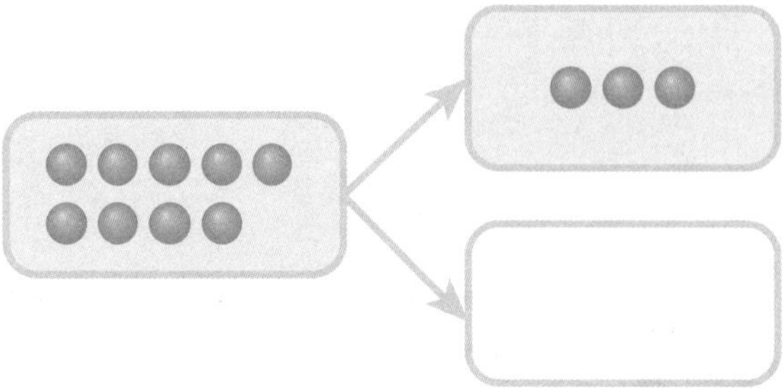

❽

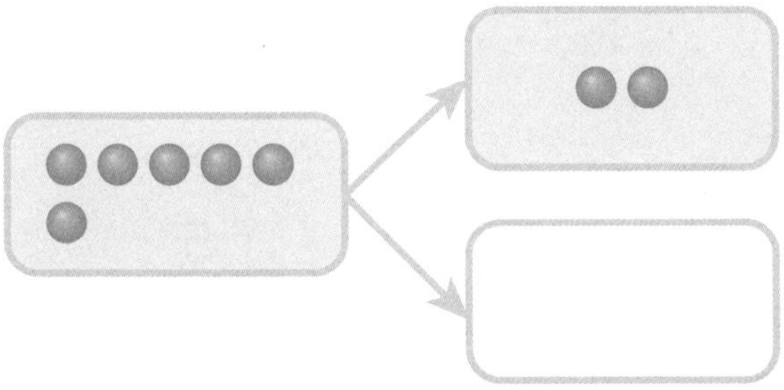

⓭

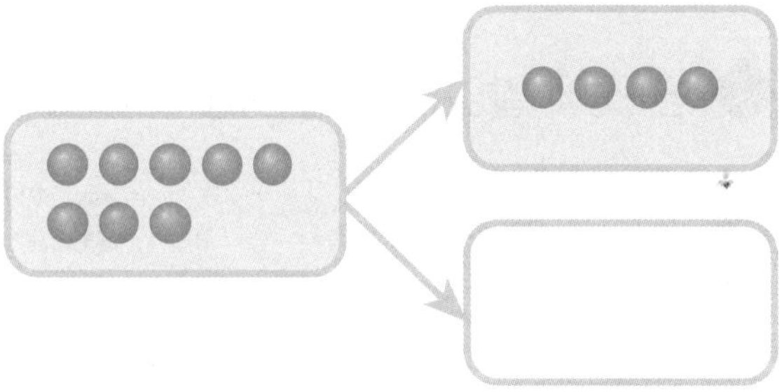

❾

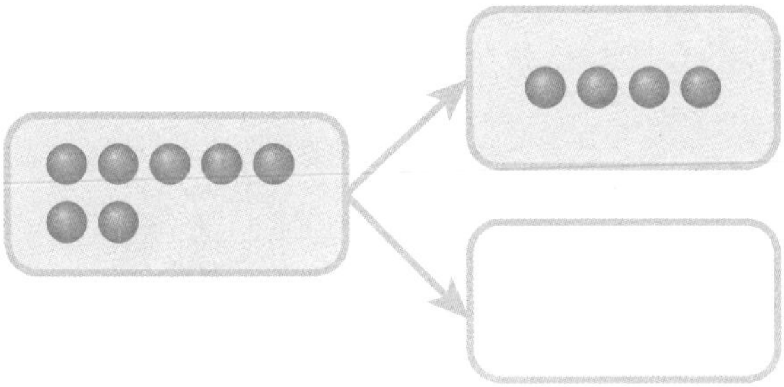

⓮

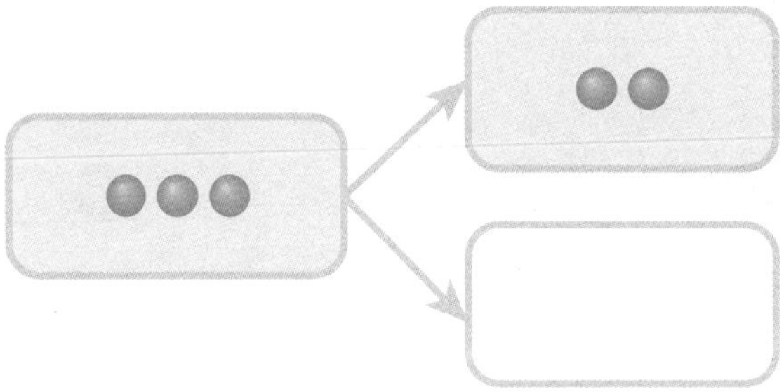

❿

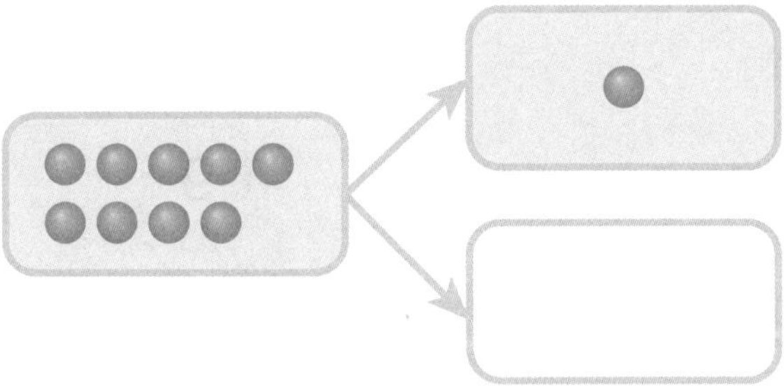

⓯

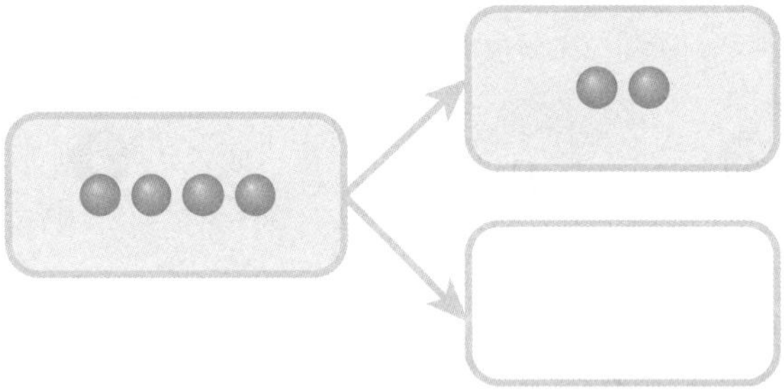

⓫

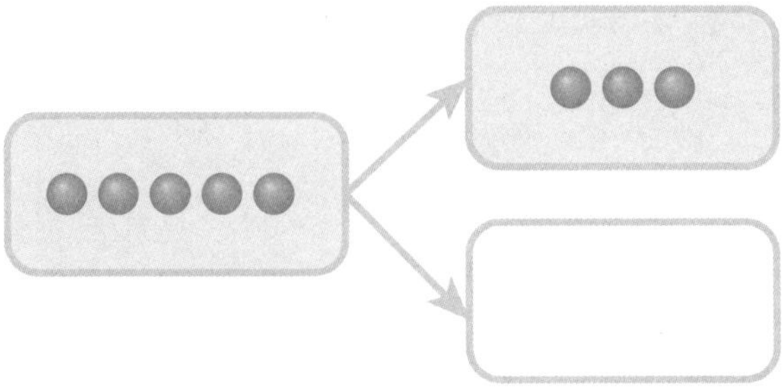

⓰

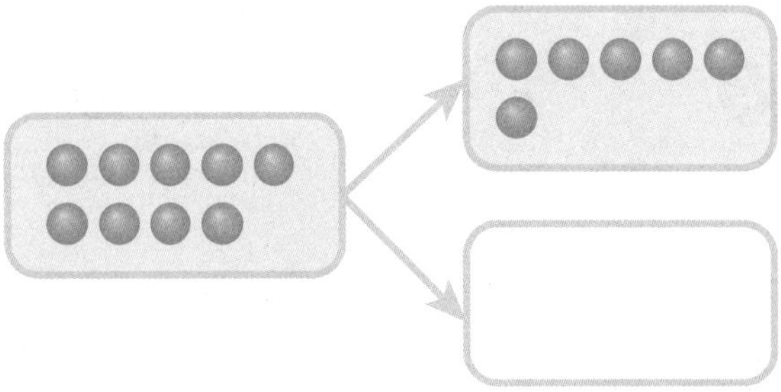

# 02 9까지의 두 수로 가르기 B

**9를 가르기**

9 → 2, 7

9는 2와 7로 가르기 할 수 있습니다.

원리 비법 가르기 한 두 수를 합하면 **처음의 수**와 같아!

빈 곳에 알맞은 수를 써넣으세요.

1. 7 → 6, □
2. 9 → 4, □
3. 8 → 7, □
4. 6 → 4, □
5. 8 → 5, □
6. 3 → 2, □
7. 4 → 3, □
8. 3 → 1, □
9. 5 → 2, □
10. 7 → 1, □
11. 9 → 2, □
12. 2 → 1, □

정답 90쪽

| 공부한 날짜 | 맞힌 개수 | 걸린 시간 |
| --- | --- | --- |
| 월 일 | /27 | 분 |

빈 곳에 알맞은 수를 써넣으세요.

13. 5 → 3, □

14. 7 → 5, □

15. 9 → 5, □

16. 4 → 2, □

17. 9 → 8, □

18. 5 → 4, □

19. 6 → 5, □

20. 6 → 3, □

21. 8 → 4, □

22. 7 → 4, □

23. 9 → 6, □

24. 8 → 3, □

25. 8 → 1, □

26. 9 → 1, □

27. 6 → 2, □

# 03 9까지의 세 수로 가르기 A

### ○7개를 가르기

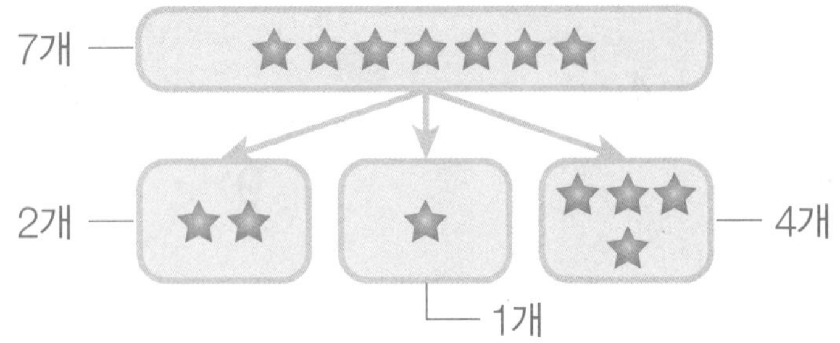


➡ 7개는 2개와 1개와 4개로 가르기 할 수 있습니다.

원리 비법 가르기 한 그림의 개수는 **처음 그림의 전체 개수**와 같아!

빈 곳에 알맞은 수만큼 ○를 그려 보세요.

❶

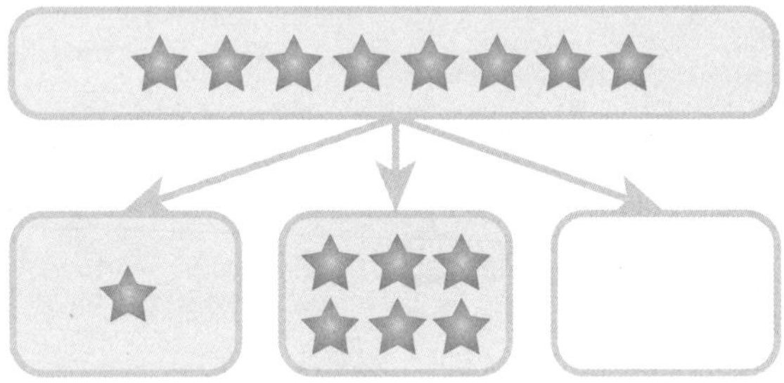

❷

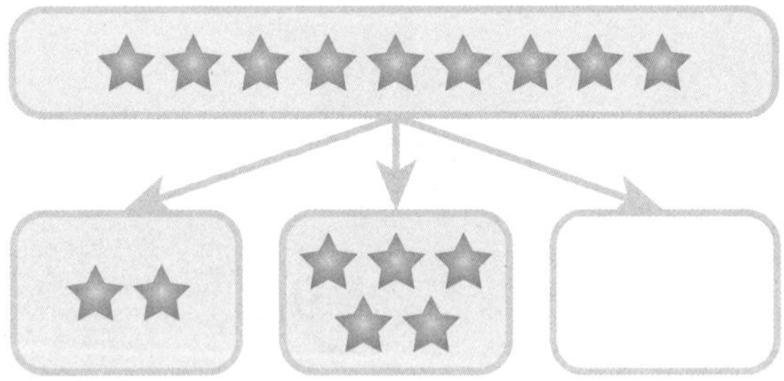

❸

❹

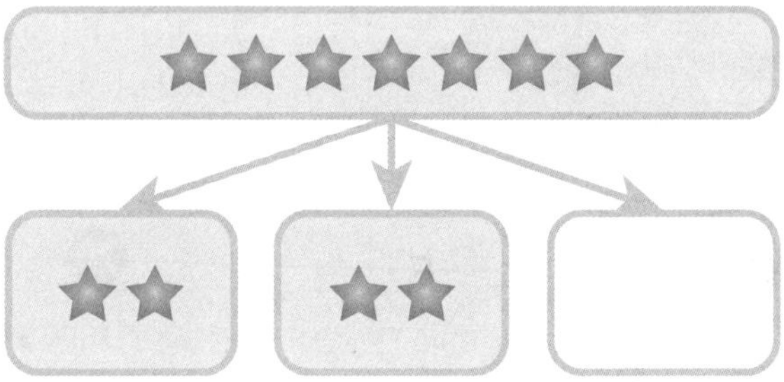

❺

❻

정답 90쪽

| 공부한 날짜 | 맞힌 개수 | 걸린 시간 |
|---|---|---|
| 월 일 | /16 | 분 |

빈 곳에 알맞은 수만큼 ○를 그려 보세요.

7
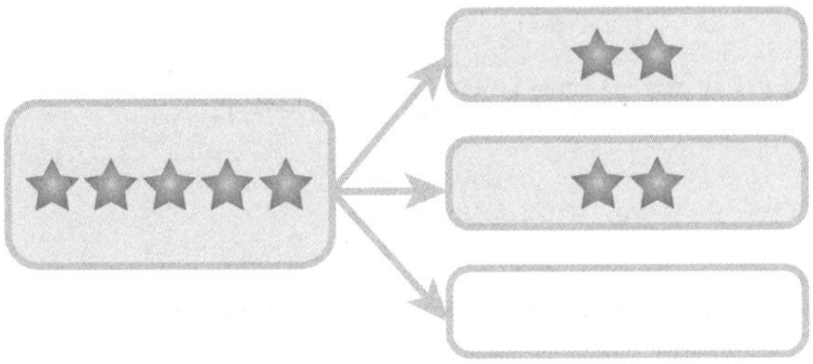

12
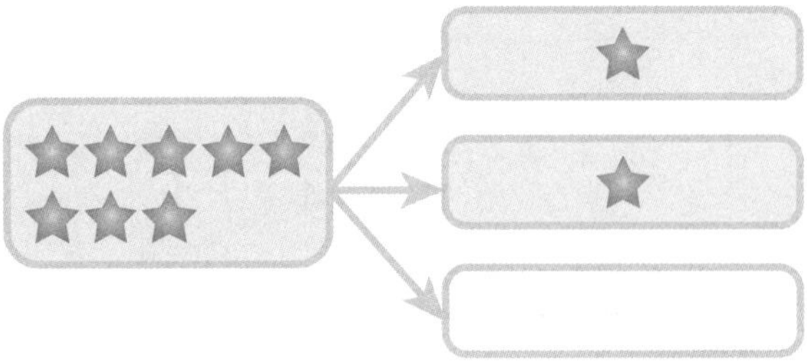

8
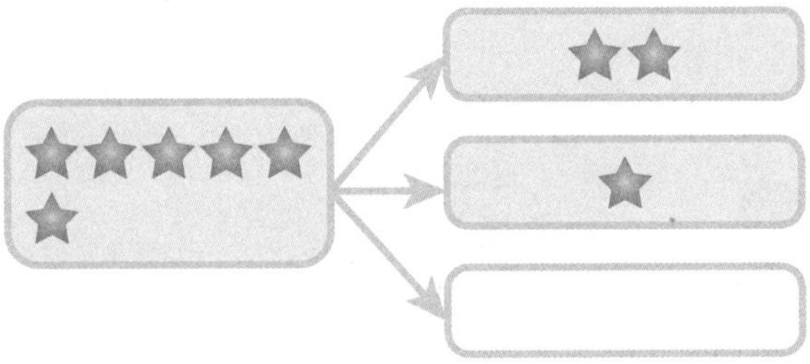

13

9
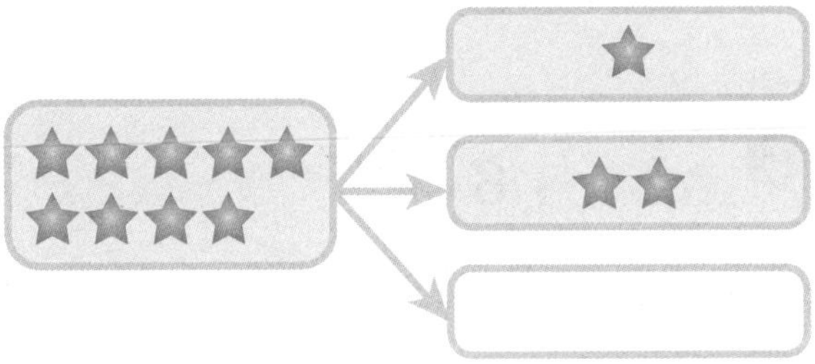

14

10
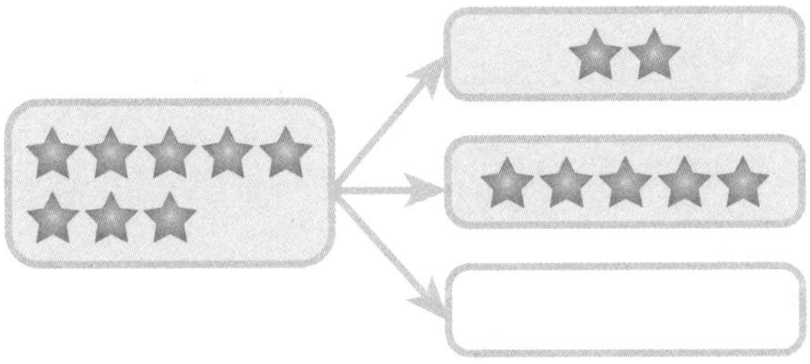

15
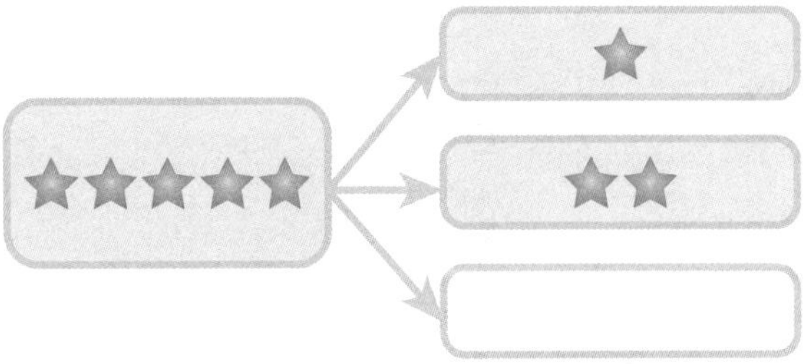

11
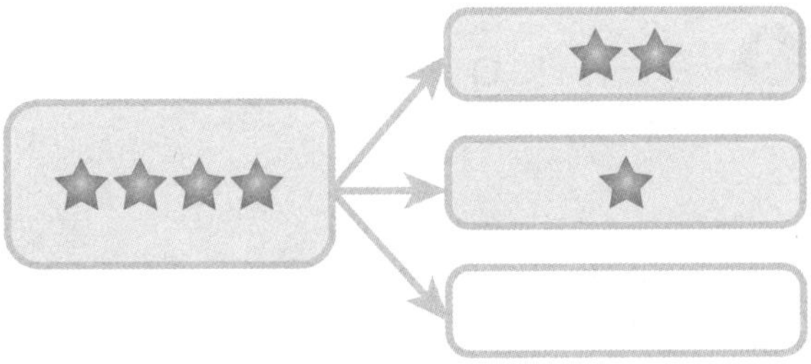

16
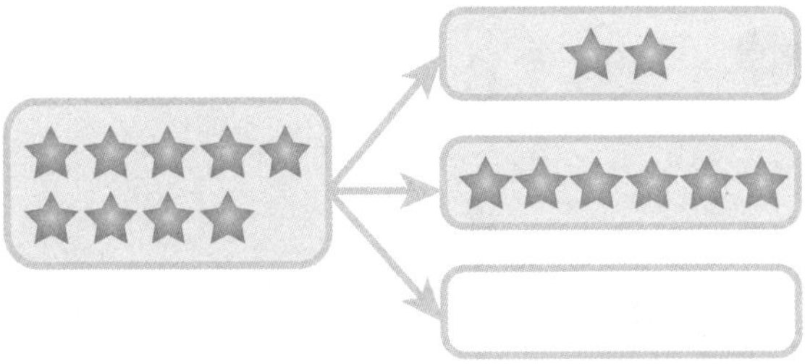

# 04 9까지의 세 수로 가르기 B

○ 6을 가르기

6 → 1, 4, 1

➡ 6은 1과 4와 1로 가르기 할 수 있습니다.

원리 비법 가르기 한 세 수를 합하면 **처음의 수**와 같아!

빈 곳에 알맞은 수를 써넣으세요.

❶ 9 → 3, 4, □

❷ 7 → 2, 3, □

❸ 6 → 3, 2, □

❹ 6 → 2, 3, □

❺ 4 → 1, 2, □

❻ 8 → 6, 1, □

❼ 8 → 1, 5, □

❽ 9 → 2, 4, □

정답 90쪽

| 공부한 날짜 | 맞힌 개수 | 걸린 시간 |
| --- | --- | --- |
| 월 일 | /20 | 분 |

빈 곳에 알맞은 수를 써넣으세요.

9. 9 → 6, 1, □

10. 9 → 3, 3, □

11. 5 → 1, 1, □

12. 9 → 4, 2, □

13. 8 → 2, 2, □

14. 8 → 3, 4, □

15. 7 → 2, 1, □

16. 6 → 1, 4, □

17. 9 → 1, 6, □

18. 8 → 1, 4, □

19. 9 → 5, 1, □

20. 8 → 3, 3, □

# 05 한 자리 수의 뺄셈하기 A

**○ 뺄셈식을 쓰고, 읽기**

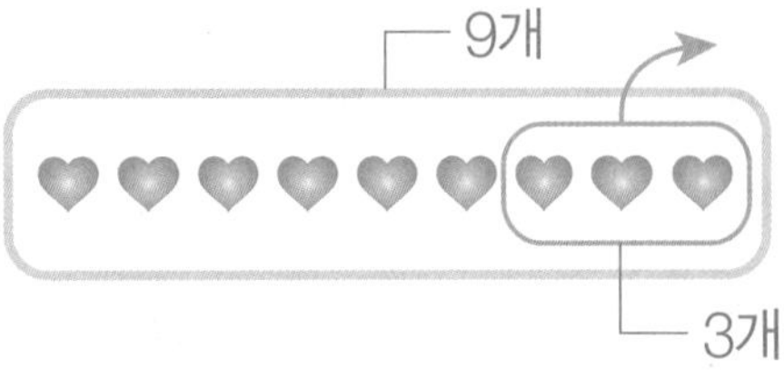


쓰기 $9-3=6$

읽기 9 빼기 3은 6과 같습니다.
9와 3의 차는 6입니다.

원리 비법 빼기는 '−'로, 같다는 '='로 나타내!

**뺄셈식을 쓰고, 읽어 보세요.**

❶

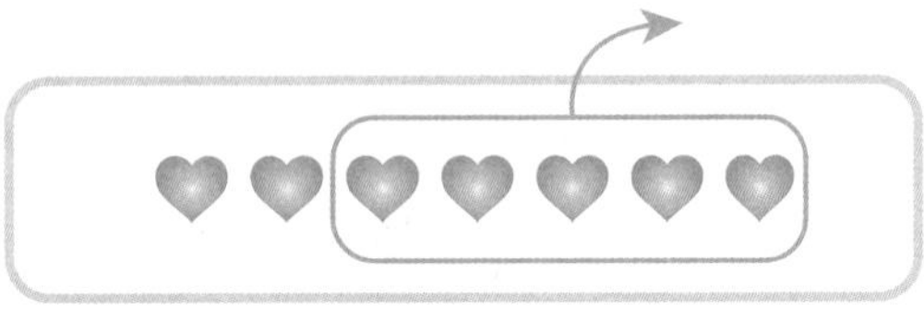

- 쓰기 ____________
- 읽기 ____________________

❷

- 쓰기 ____________
- 읽기 ____________________

❸

- 쓰기 ____________
- 읽기 ____________________

❹

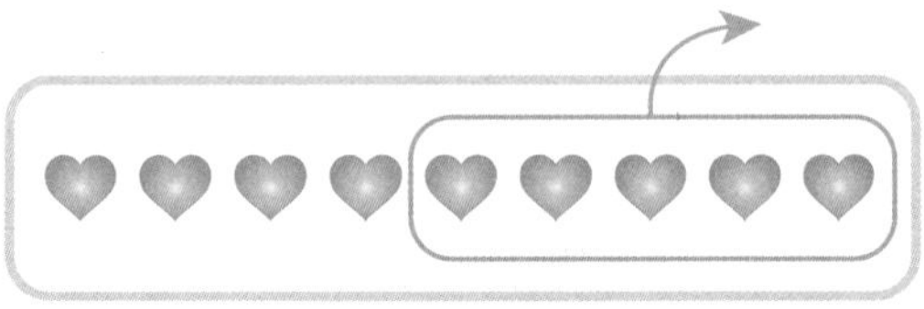

- 쓰기 ____________
- 읽기 ____________________

❺

- 쓰기 ____________
- 읽기 ____________________

❻

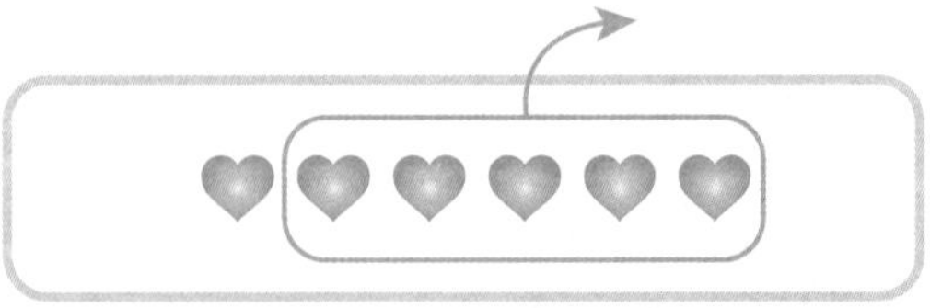

- 쓰기 ____________
- 읽기 ____________________

정답 91쪽

| 공부한 날짜 | 맞힌 개수 | 걸린 시간 |
|---|---|---|
| 월 일 | /14 | 분 |

## 뺄셈식을 쓰고, 읽어 보세요.

7

- 쓰기
- 읽기

11

- 쓰기
- 읽기

8

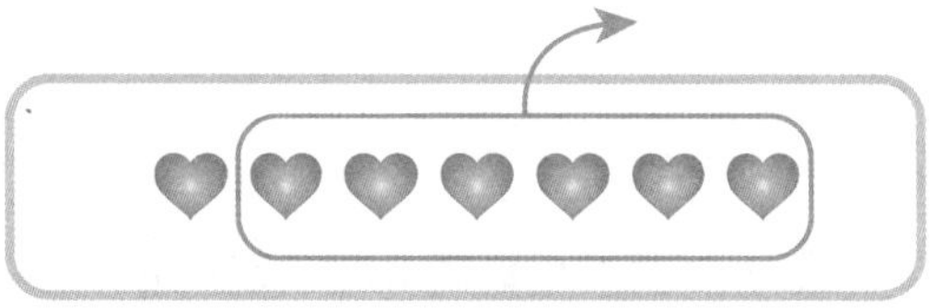

- 쓰기
- 읽기

12

- 쓰기
- 읽기

9

- 쓰기
- 읽기

13

- 쓰기
- 읽기

10

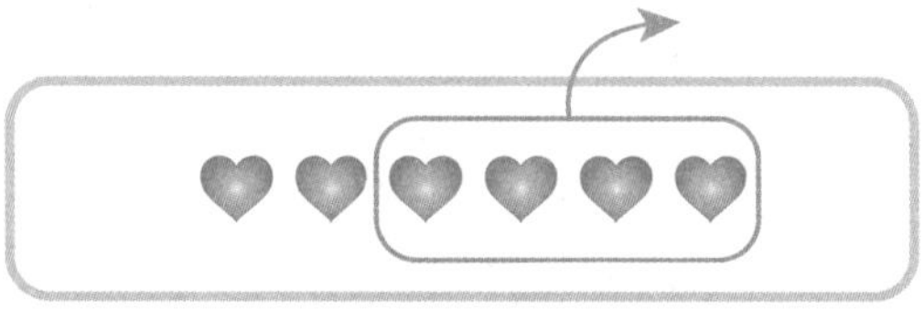

- 쓰기
- 읽기

14

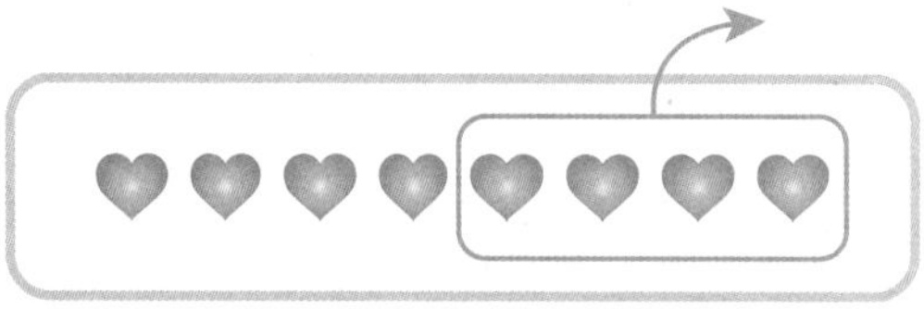

- 쓰기
- 읽기

# 06 한 자리 수의 뺄셈하기 B

**○ 두 수를 뺄셈하기**

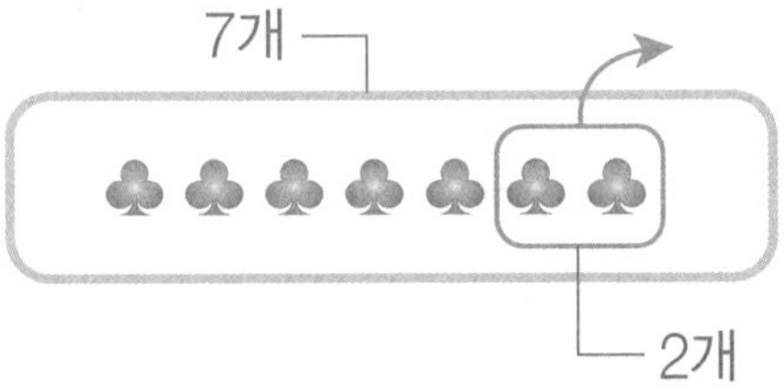


7 − 2 = 5

➡ 남은 ♣의 수를 세면 1, 2, 3, 4, 5입니다.

원리 비법 남은 그림의 개수를 **하나씩 세어서** 계산할 수 있어!

□ 안에 알맞은 수를 써넣으세요.

1
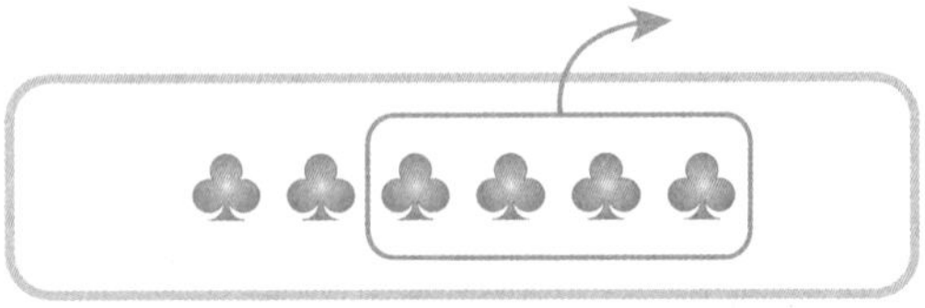

6 − □ = □

2
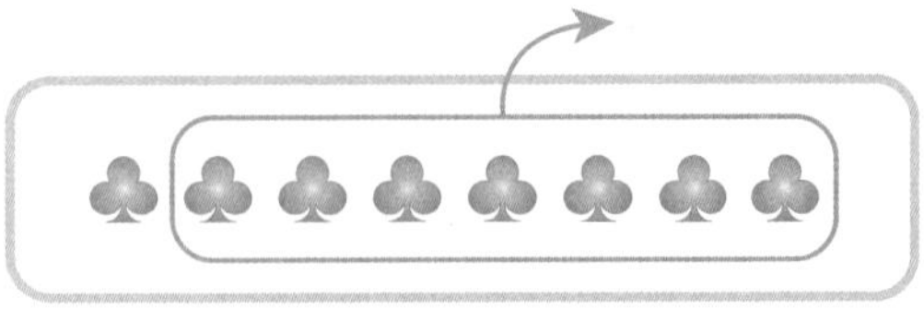

8 − □ = □

3
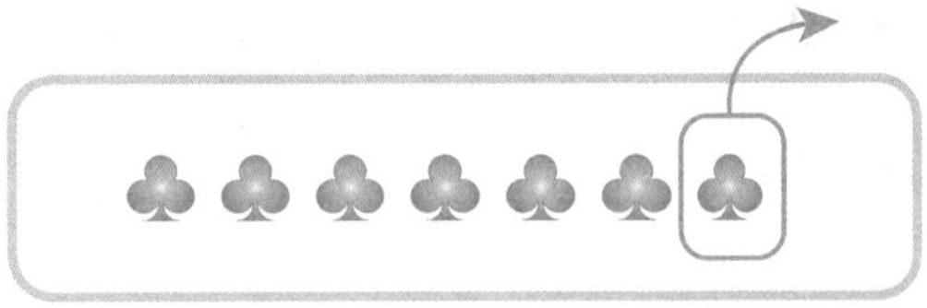

7 − □ = □

4
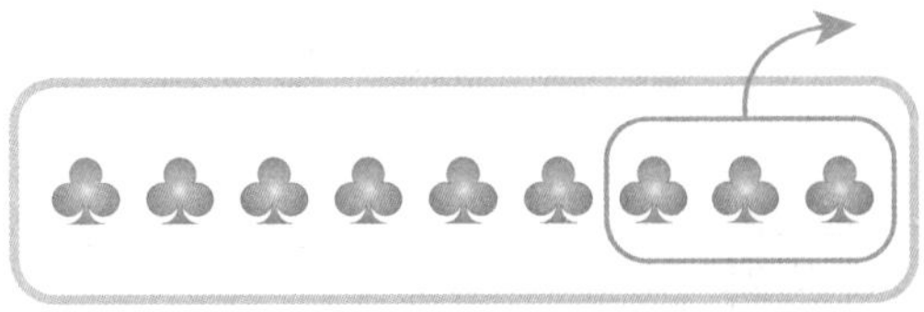

9 − □ = □

5
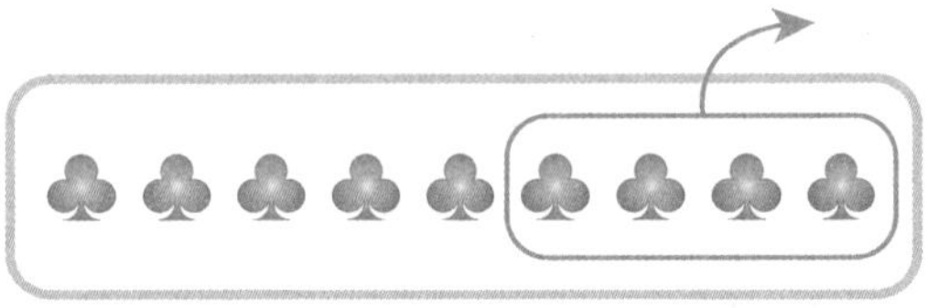

9 − □ = □

6
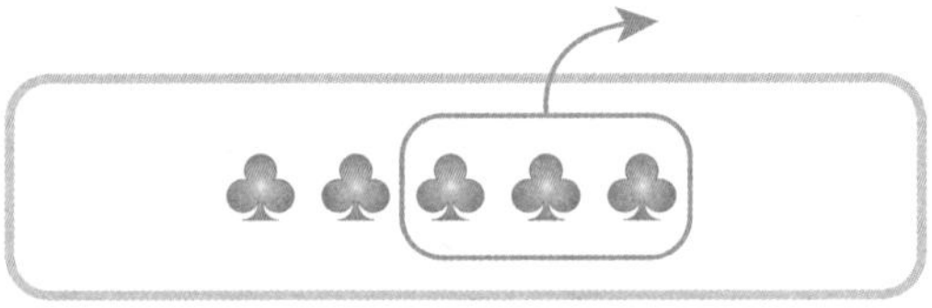

5 − □ = □

7
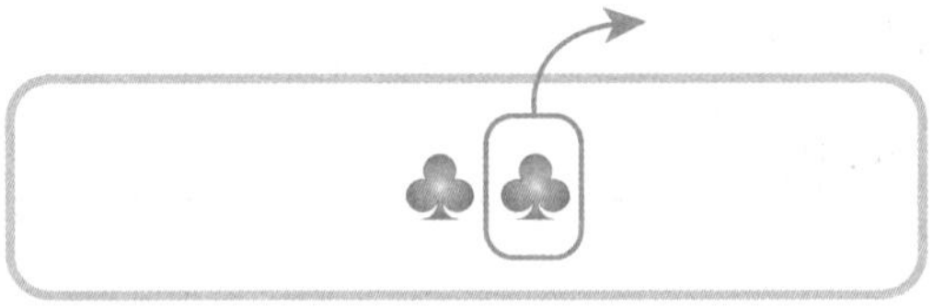

2 − □ = □

8
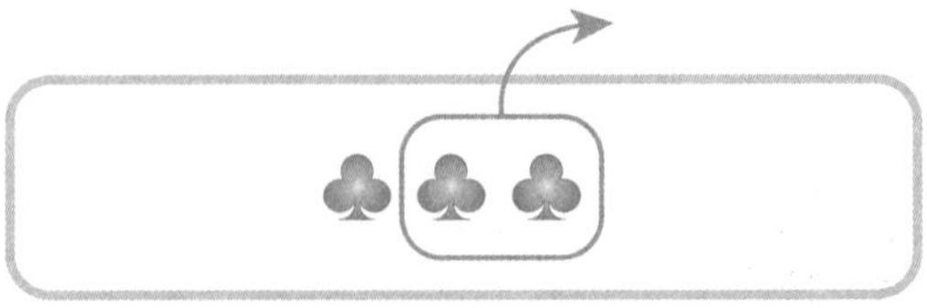

3 − □ = □

정답 91쪽

| 공부한 날짜 | 맞힌 개수 | 걸린 시간 |
|---|---|---|
| 월 일 | /26 | 분 |

빼셈을 하세요.

⑨ $7-3=\square$

⑩ $4-3=\square$

⑪ $6-3=\square$

⑫ $9-0=\square$

⑬ $3-1=\square$

⑭ $9-6=\square$

⑮ $8-5=\square$

⑯ $9-4=\square$

⑰ $5-4=\square$

⑱ $8-6=\square$

⑲ $7-6=\square$

⑳ $6-2=\square$

㉑ $9-5=\square$

㉒ $6-2=\square$

㉓ $7-4=\square$

㉔ $5-1=\square$

㉕ $8-3=\square$

㉖ $8-0=\square$

# 07 세 수로 덧셈식 만들기 A

○ [3] [1] [4] 로 덧셈식 만들기

[3] + [1] = [4], [1] + [3] = [4]

덧셈식은 왼쪽 두 개의 수를 더하면 '='의 오른쪽의 수와 같습니다.

원리 비법 세 수로 덧셈식을 각각 **2개씩** 만들 수 있어!

세 수로 덧셈식을 만들어 보세요.

1. [2] [6] [4]

   2 + □ = □, 4 + □ = □

2. [3] [2] [5]

   3 + □ = □, 2 + □ = □

3. [4] [9] [5]

   4 + □ = □, 5 + □ = □

4. [4] [1] [3]

   1 + □ = □, 3 + □ = □

5. [6] [5] [1]

   5 + □ = □, 1 + □ = □

6. [7] [3] [4]

   3 + □ = □, 4 + □ = □

7. [5] [3] [8]

   5 + □ = □, 3 + □ = □

8. [7] [2] [9]

   7 + □ = □, 2 + □ = □

정답 91쪽

| 공부한 날짜 | 맞힌 개수 | 걸린 시간 |
|---|---|---|
| 월 일 | /18 | 분 |

세 수로 덧셈식을 만들어 보세요.

⑨ 5 1 4

1 + ☐ = ☐, 4 + ☐ = ☐

⑩ 5 2 7

5 + ☐ = ☐, 2 + ☐ = ☐

⑪ 2 6 8

2 + ☐ = ☐, 6 + ☐ = ☐

⑫ 3 9 6

3 + ☐ = ☐, 6 + ☐ = ☐

⑬ 4 2 6

4 + ☐ = ☐, 2 + ☐ = ☐

⑭ 1 3 2

2 + ☐ = ☐, 1 + ☐ = ☐

⑮ 8 1 7

1 + ☐ = ☐, 7 + ☐ = ☐

⑯ 1 9 8

1 + ☐ = ☐, 8 + ☐ = ☐

⑰ 5 2 3

2 + ☐ = ☐, 3 + ☐ = ☐

⑱ 7 1 6

1 + ☐ = ☐, 6 + ☐ = ☐

# 08 세 수로 뺄셈식 만들기 A

○ 5 3 2 로 뺄셈식 만들기

5 − 3 = 2, 5 − 2 = 3

뺄셈식은 가장 왼쪽의 수인 '−' 앞의 수가 가장 큽니다.

원리 비법 세 수로 뺄셈식을 각각 **2개씩** 만들 수 있어!

세 수로 뺄셈식을 만들어 보세요.

❶ 3 9 6

□ − □ = 3, □ − 3 = □

❷ 5 1 6

□ − □ = 5, □ − 5 = □

❸ 1 2 3

□ − □ = 1, □ − 1 = □

❹ 6 8 2

□ − □ = 6, □ − 6 = □

❺ 7 6 1

□ − □ = 1, □ − 1 = □

❻ 9 2 7

□ − □ = 2, □ − 2 = □

❼ 3 4 1

□ − □ = 3, □ − 3 = □

❽ 5 2 3

□ − □ = 3, □ − 3 = □

정답 91쪽

| 공부한 날짜 | 맞힌 개수 | 걸린 시간 |
|---|---|---|
| 월 일 | /18 | 분 |

세 수로 뺄셈식을 만들어 보세요.

❾ 4 6 2

□ − □ = 4, □ − 4 = □

⓮ 1 8 9

□ − □ = 1, □ − 1 = □

❿ 5 4 1

□ − □ = 4, □ − 4 = □

⓯ 3 5 2

□ − □ = 3, □ − 3 = □

⓫ 3 4 7

□ − □ = 4, □ − 4 = □

⓰ 1 8 7

□ − □ = 7, □ − 7 = □

⓬ 9 4 5

□ − □ = 5, □ − 5 = □

⓱ 2 6 8

□ − □ = 6, □ − 6 = □

⓭ 5 7 2

□ − □ = 5, □ − 5 = □

⓲ 3 8 5

□ − □ = 3, □ − 3 = □

# 01 10 모으기와 가르기 A

**10 모으기**

| 4 | 6 |
|---|---|
| 10 | |

➡ 4와 6은 모으기 하면 10이 됩니다.

**10 가르기**

| 10 | |
|---|---|
| 3 | 7 |

➡ 10은 3과 7로 가르기 할 수 있습니다.

원리 비법 10을 모으기와 가르기 하는 방법은 **여러 가지**야!

빈 곳에 알맞은 수를 써넣으세요.

1. 1, 9 → □
2. 7, 3 → □
3. 3, 7 → □
4. 5, 5 → □
5. 5, 5 → □
6. 2, 8 → □
7. 8, 2 → □
8. 7, 3 → □
9. 4, 6 → □
10. 9, 1 → □
11. 6, 4 → □
12. 4, 6 → □

정답 92쪽

| 공부한 날짜 | 맞힌 개수 | 걸린 시간 |
|---|---|---|
| 월 일 | /27 | 분 |

빈 곳에 알맞은 수를 써넣으세요.

⑬ 10 → 2, □

⑭ 10 → 1, □

⑮ 10 → 6, □

⑯ 10 → 7, □

⑰ 10 → 2, □

⑱ 10 → 7, □

⑲ 10 → 5, □

⑳ 10 → 3, □

㉑ 10 → 5, □

㉒ 10 → 6, □

㉓ 10 → 4, □

㉔ 10 → 8, □

㉕ 10 → 9, □

㉖ 10 → 1, □

㉗ 10 → 4, □

# 02 십몇 알기

A

## 15 알아보기

| 10개씩 묶음 | 낱개 |
|---|---|
| 1 | 5 |

| 수 | 15 | |
|---|---|---|
| 읽기 | 십오 | 열다섯 |

원리 비법 10개씩 묶음 1개와 낱개 ◆개를 1◆라고 해!

빈 곳에 알맞은 수를 써넣으세요.

1

| 10개씩 묶음 | 낱개 |
|---|---|
| 1 | 7 |

5

| 10개씩 묶음 | 낱개 |
|---|---|
| 1 | 5 |

2

| 10개씩 묶음 | 낱개 |
|---|---|
| 1 | 6 |

6

| 10개씩 묶음 | 낱개 |
|---|---|
| 1 | 8 |

3

| 10개씩 묶음 | 낱개 |
|---|---|
| 1 | 2 |

7

| 10개씩 묶음 | 낱개 |
|---|---|
| 1 | 3 |

4

| 10개씩 묶음 | 낱개 |
|---|---|
| 1 | 4 |

8

| 10개씩 묶음 | 낱개 |
|---|---|
| 1 | 9 |

정답 92쪽

| 공부한 날짜 | 맞힌 개수 | 걸린 시간 |
|---|---|---|
| 월 일 | /18 | 분 |

두 가지 방법으로 읽어 보세요.

9

| 수 | 12 | |
|---|---|---|
| 읽기 | | |

10

| 수 | 16 | |
|---|---|---|
| 읽기 | | |

11

| 수 | 14 | |
|---|---|---|
| 읽기 | | |

12

| 수 | 15 | |
|---|---|---|
| 읽기 | | |

13

| 수 | 18 | |
|---|---|---|
| 읽기 | | |

14

| 수 | 11 | |
|---|---|---|
| 읽기 | | |

15

| 수 | 19 | |
|---|---|---|
| 읽기 | | |

16

| 수 | 17 | |
|---|---|---|
| 읽기 | | |

17

| 수 | 13 | |
|---|---|---|
| 읽기 | | |

18

| 수 | 16 | |
|---|---|---|
| 읽기 | | |

# 03 십몇 모으기와 가르기 A

### ○ 십몇 모으기

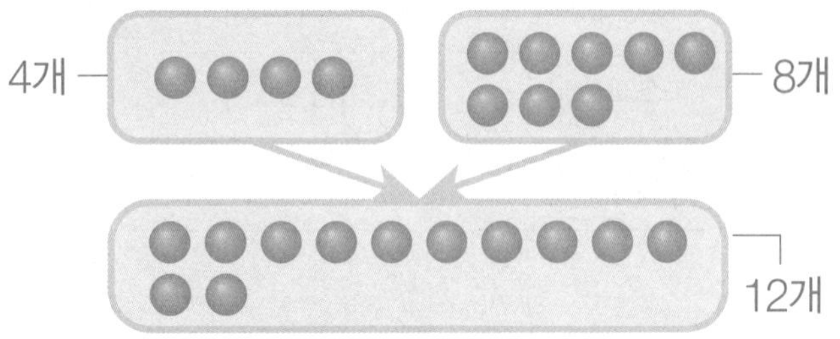


➡ 4개와 8개를 모으기 하면 12개가 됩니다.

### ○ 십몇 가르기

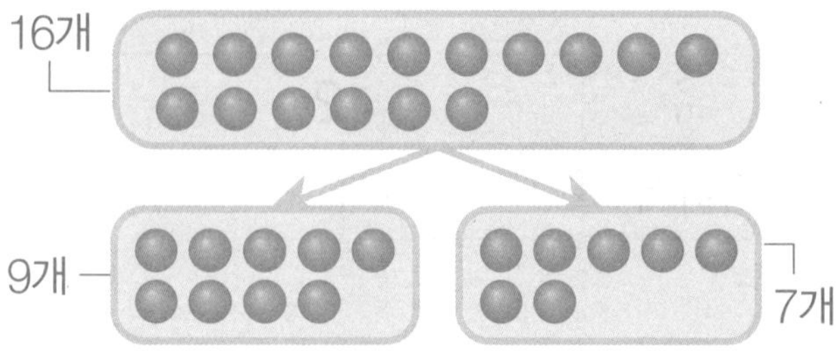


➡ 16개는 9개와 7개로 가르기 할 수 있습니다.

**원리 비법** 십몇 모으기와 가르기 하는 방법은 **여러 가지**야!

빈 곳에 알맞은 수만큼 ○를 그려 보세요.

**1**

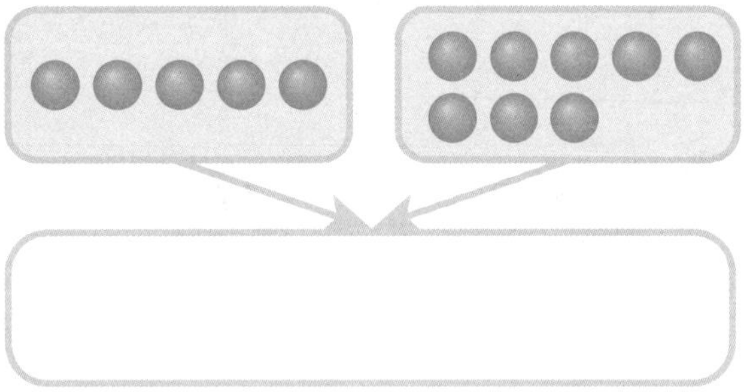

**4**

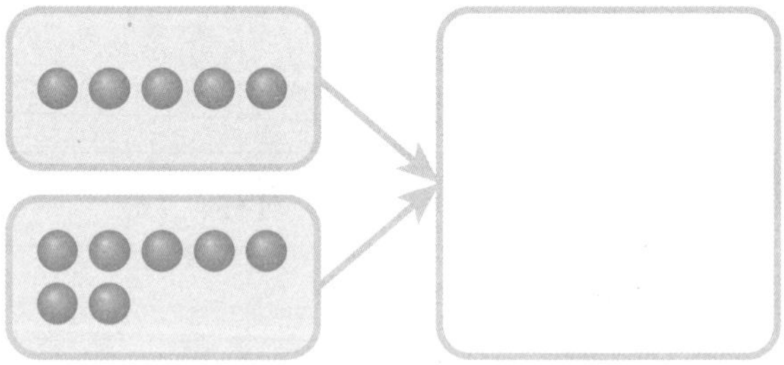

**2**

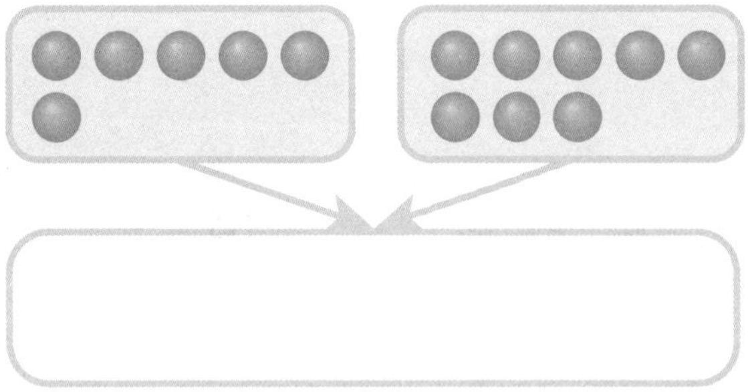

**5**

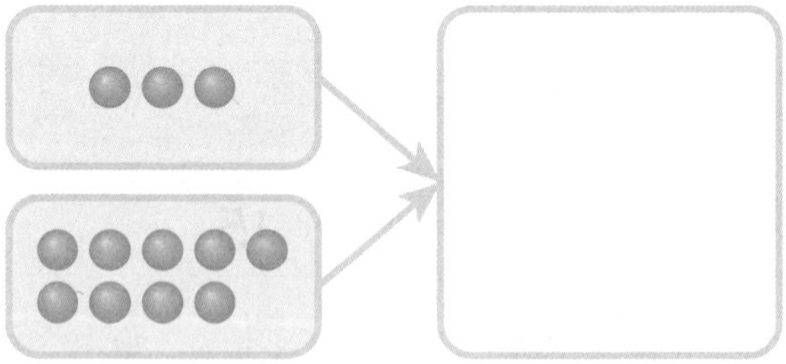

**3**

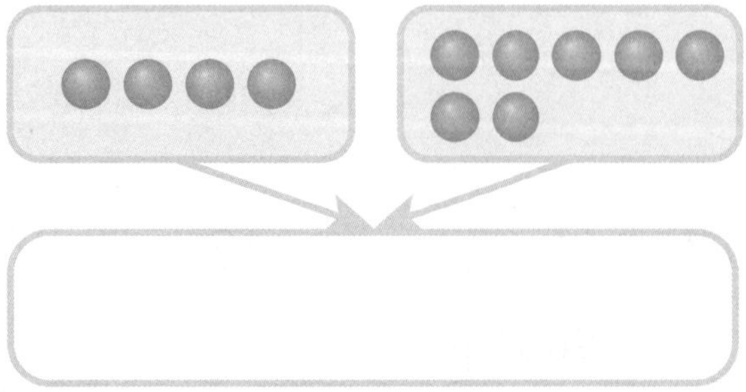

**6**

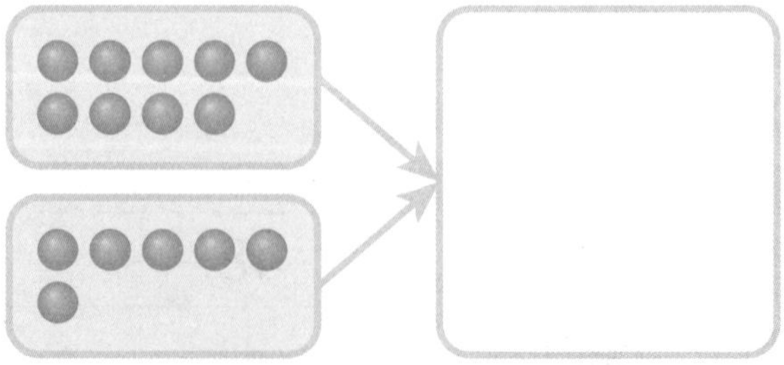

정답 92쪽

| 공부한 날짜 | 맞힌 개수 | 걸린 시간 |
| --- | --- | --- |
| 월 일 | /14 | 분 |

빈 곳에 알맞은 수만큼 ○를 그려 보세요.

7
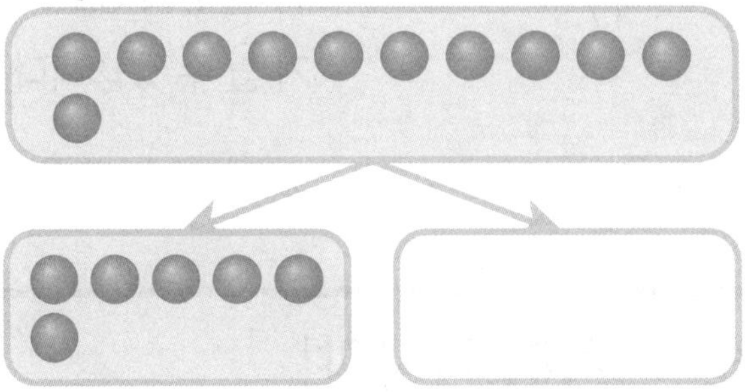

11
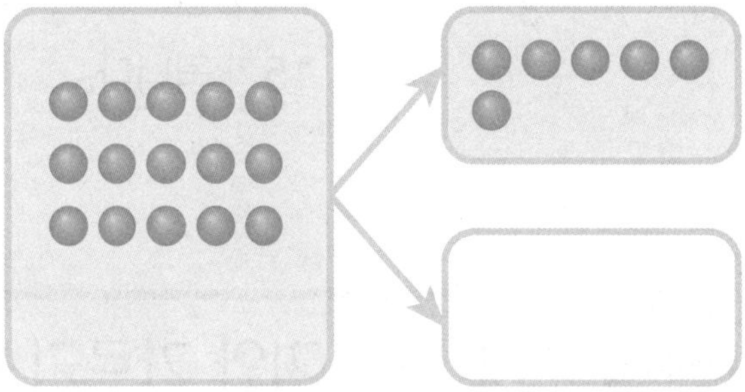

8
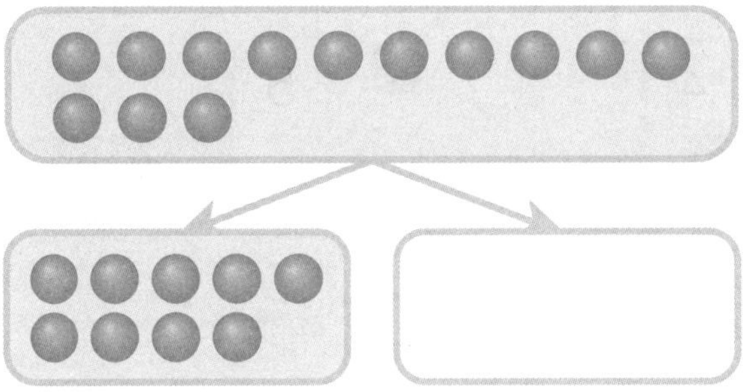

12
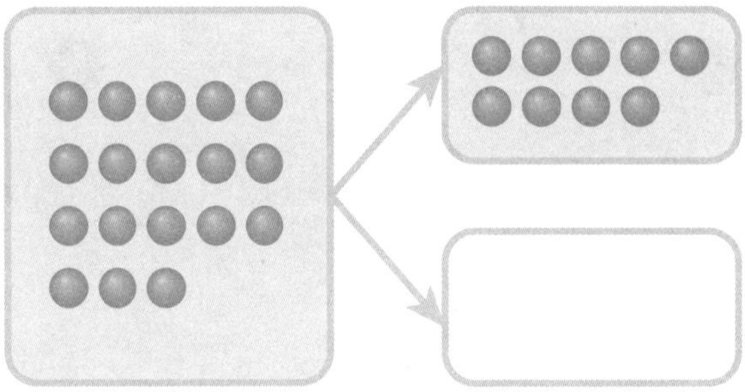

9
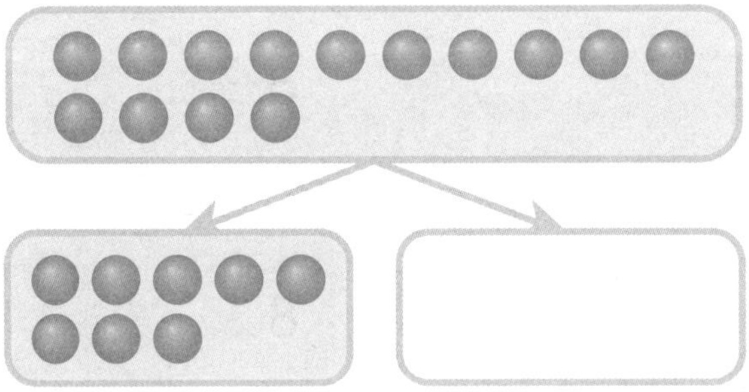

13
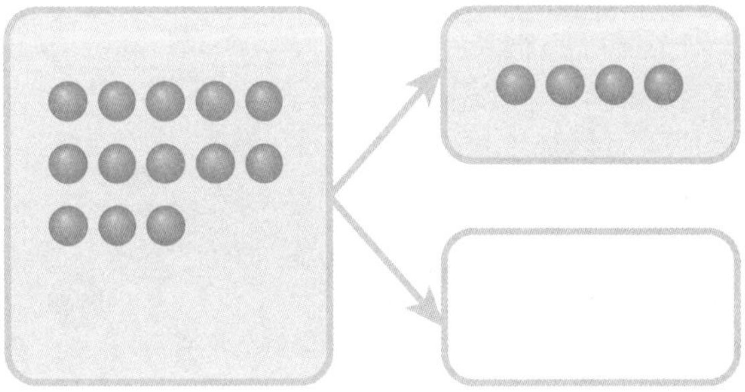

10
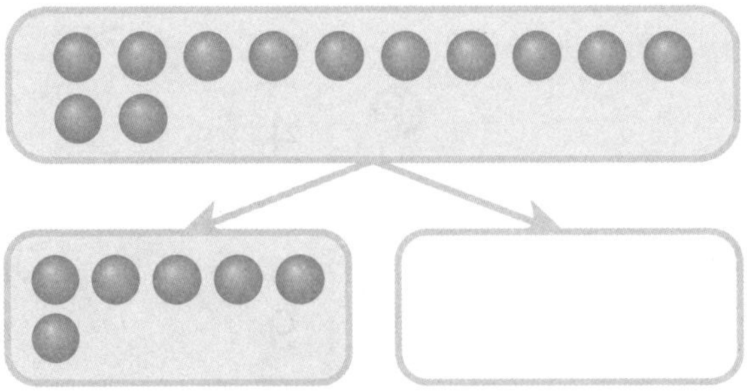

14
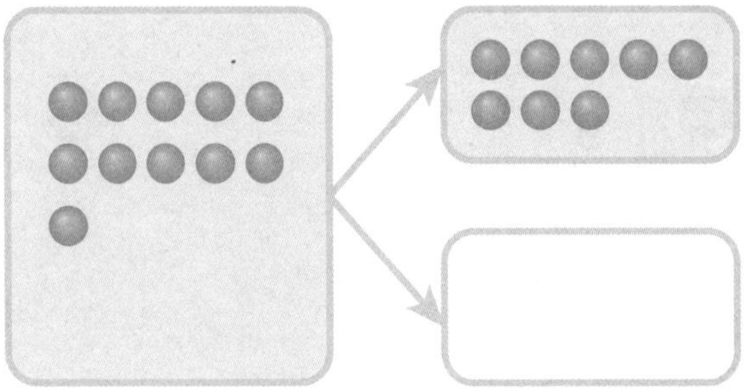

# 04 십몇 모으기와 가르기 B

**십몇 모으기**

7 8 → 15

➜ 7과 8을 모으기 하면 15가 됩니다.

**십몇 가르기**

17 → 9 8

➜ 17은 9와 8로 가르기 할 수 있습니다.

원리 비법 십몇 모으기와 가르기 하는 방법은 **여러 가지**야!

빈 곳에 알맞은 수를 써넣으세요.

❶ 7 7 → ☐

❷ 9 2 → ☐

❸ 6 7 → ☐

❹ 9 7 → ☐

❺ 8 4 → ☐

❻ 9 9 → ☐

❼ 9 4 → ☐

❽ 5 6 → ☐

❾ 5 7 → ☐

❿ 2 9 → ☐

⓫ 8 7 → ☐

⓬ 4 9 → ☐

정답 92쪽

| 공부한 날짜 | 맞힌 개수 | 걸린 시간 |
|---|---|---|
| 월 일 | /27 | 분 |

빈 곳에 알맞은 수를 써넣으세요.

⑬ 11 → 3, □

⑭ 14 → 9, □

⑮ 14 → 5, □

⑯ 13 → 8, □

⑰ 13 → 7, □

⑱ 17 → 8, □

⑲ 16 → 7, □

⑳ 12 → 7, □

㉑ 11 → 7, □

㉒ 14 → 5, □

㉓ 16 → 8, □

㉔ 17 → 9, □

㉕ 11 → 8, □

㉖ 14 → 8, □

㉗ 12 → 6, □

# 05 몇십 알기 A

## 몇십 알아보기

| 쓰기 | 20 | 30 | 40 | 50 |
|---|---|---|---|---|
| 읽기 | 이십 | 삼십 | 사십 | 오십 |
| | 스물 | 서른 | 마흔 | 쉰 |

➡ 10개씩 묶음의 수가 1씩 커지면 20, 30, 40, 50입니다.

원리 비법 10개씩 묶음이 ■개이면 ■0야!

빈 곳에 알맞은 수를 써넣으세요.

❶

| 10개씩 묶음 | 낱개 |
|---|---|
| 2 | 0 |
| | |

❷

| 10개씩 묶음 | 낱개 |
|---|---|
| 3 | 0 |
| | |

❸

| 10개씩 묶음 | 낱개 |
|---|---|
| 4 | 0 |
| | |

❹

| 10개씩 묶음 | 낱개 |
|---|---|
| 1 | 0 |
| | |

❺

| 10개씩 묶음 | 낱개 |
|---|---|
| 4 | 0 |
| | |

❻

| 10개씩 묶음 | 낱개 |
|---|---|
| 5 | 0 |
| | |

❼

| 10개씩 묶음 | 낱개 |
|---|---|
| 3 | 0 |
| | |

❽

| 10개씩 묶음 | 낱개 |
|---|---|
| 2 | 0 |
| | |

정답 93쪽

| 공부한 날짜 | 맞힌 개수 | 걸린 시간 |
| --- | --- | --- |
| 월 일 | /20 | 분 |

수를 두 가지 방법으로 읽어 보세요.

❾ 20 ➡ [ ], [ ]

❿ 40 ➡ [ ], [ ]

⓫ 30 ➡ [ ], [ ]

⓬ 40 ➡ [ ], [ ]

⓭ 10 ➡ [ ], [ ]

⓮ 50 ➡ [ ], [ ]

⓯ 50 ➡ [ ], [ ]

⓰ 30 ➡ [ ], [ ]

⓱ 10 ➡ [ ], [ ]

⓲ 20 ➡ [ ], [ ]

⓳ 30 ➡ [ ], [ ]

⓴ 20 ➡ [ ], [ ]

# 06 몇십몇 알기 A

## 34 알아보기

| 10개씩 묶음 | 낱개 |
|---|---|
| 3 | 4 |

| 수 | 34 | |
|---|---|---|
| 읽기 | 삼십사 | 서른넷 |

원리 비법 10개씩 묶음의 수를 **앞**에 쓰고, 낱개의 수를 **뒤**에 써!

빈 곳에 알맞은 수를 써넣으세요.

❶

| 10개씩 묶음 | 낱개 |
|---|---|
| 2 | 3 |

❷

| 10개씩 묶음 | 낱개 |
|---|---|
| 4 | 2 |

❸

| 10개씩 묶음 | 낱개 |
|---|---|
| 3 | 6 |

❹

| 10개씩 묶음 | 낱개 |
|---|---|
| 4 | 4 |

❺

| 10개씩 묶음 | 낱개 |
|---|---|
| 3 | 2 |

❻

| 10개씩 묶음 | 낱개 |
|---|---|
| 4 | 7 |

❼

| 10개씩 묶음 | 낱개 |
|---|---|
| 2 | 1 |

❽

| 10개씩 묶음 | 낱개 |
|---|---|
| 2 | 5 |

정답 93쪽

| 공부한 날짜 | 맞힌 개수 | 걸린 시간 |
|---|---|---|
| 월 일 | /18 | 분 |

두 가지 방법으로 읽어 보세요.

9

| 수 | 38 | |
|---|---|---|
| 읽기 | | |

14

| 수 | 33 | |
|---|---|---|
| 읽기 | | |

10

| 수 | 42 | |
|---|---|---|
| 읽기 | | |

15

| 수 | 24 | |
|---|---|---|
| 읽기 | | |

11

| 수 | 27 | |
|---|---|---|
| 읽기 | | |

16

| 수 | 36 | |
|---|---|---|
| 읽기 | | |

12

| 수 | 43 | |
|---|---|---|
| 읽기 | | |

17

| 수 | 22 | |
|---|---|---|
| 읽기 | | |

13

| 수 | 29 | |
|---|---|---|
| 읽기 | | |

18

| 수 | 48 | |
|---|---|---|
| 읽기 | | |

# 07 몇십몇 알기 B

### 45 알아보기

10개씩 묶음 4개와 낱개 5개 → 40과 5는 45입니다.
40 5

**원리 비법** 10개씩 묶음의 수와 낱개를 더하면 **몇십몇**을 나타내!

□ 안에 알맞은 수를 써넣으세요.

1. 10개씩 묶음 2개와 낱개 4개
20 □
→ 20과 □는 □입니다.

2. 10개씩 묶음 2개와 낱개 0개
20 □
→ 20과 □은 □입니다.

3. 10개씩 묶음 4개와 낱개 2개
40 □
→ 40과 □는 □입니다.

4. 10개씩 묶음 3개와 낱개 7개
30 □
→ 30과 □은 □입니다.

5. 10개씩 묶음 4개와 낱개 5개
□ 5
→ □과 5는 □입니다.

6. 10개씩 묶음 3개와 낱개 5개
□ 5
→ □과 5는 □입니다.

7. 10개씩 묶음 3개와 낱개 2개
□ 2
→ □과 2는 □입니다.

8. 10개씩 묶음 2개와 낱개 7개
□ 7
→ □과 7은 □입니다.

정답 93쪽

| 공부한 날짜 | 맞힌 개수 | 걸린 시간 |
|---|---|---|
| 월 일 | /18 | 분 |

□ 안에 알맞은 수를 써넣으세요.

⑨ 10개씩 묶음 2개와 낱개 2개

□ □

➡ □과 □는 □입니다.

⑩ 10개씩 묶음 4개와 낱개 7개

□ □

➡ □과 □은 □입니다.

⑪ 10개씩 묶음 2개와 낱개 3개

□ □

➡ □과 □은 □입니다.

⑫ 10개씩 묶음 4개와 낱개 8개

□ □

➡ □과 □은 □입니다.

⑬ 10개씩 묶음 4개와 낱개 1개

□ □

➡ □과 □은 □입니다.

⑭ 10개씩 묶음 3개와 낱개 3개

□ □

➡ □과 □은 □입니다.

⑮ 10개씩 묶음 3개와 낱개 9개

□ □

➡ □과 □는 □입니다.

⑯ 10개씩 묶음 2개와 낱개 9개

□ □

➡ □과 □는 □입니다.

⑰ 10개씩 묶음 4개와 낱개 3개

□ □

➡ □과 □은 □입니다.

⑱ 10개씩 묶음 3개와 낱개 5개

□ □

➡ □과 □는 □입니다.

# 08 50까지의 수의 순서 알기 A

## 1 부터 50까지의 수 알아보기

1씩 커집니다. →

10씩 커집니다. ↓

| | | | | | | | | | |
|---|---|---|---|---|---|---|---|---|---|
| 1 | 2 | 3 | 4 | 5 | 6 | 7 | 8 | 9 | 10 |
| 11 | 12 | 13 | 14 | 15 | 16 | 17 | 18 | 19 | 20 |
| 21 | 22 | 23 | 24 | 25 | 26 | 27 | 28 | 29 | 30 |
| 31 | 32 | 33 | 34 | 35 | 36 | 37 | 38 | 39 | 40 |
| 41 | 42 | 43 | 44 | 45 | 46 | 47 | 48 | 49 | 50 |

10씩 작아집니다. ↑

← 1씩 작아집니다.

## 원리 비법 1부터 50까지의 수를 **순서대로** 써!

순서에 맞게 빈 곳에 알맞은 수를 써넣으세요.

❶

| | | | | | | | | | |
|---|---|---|---|---|---|---|---|---|---|
| 21 | 22 | | 24 | 25 | | | 28 | 29 | 30 |

❷

| | | | | | | | | | |
|---|---|---|---|---|---|---|---|---|---|
| 19 | | 21 | 22 | | | 25 | 26 | | |

❸

| | | | | | | | | | |
|---|---|---|---|---|---|---|---|---|---|
| 15 | | 17 | | 19 | 20 | 21 | | | 24 |

❹

| | | | | | | | | | |
|---|---|---|---|---|---|---|---|---|---|
| | | | 16 | 17 | 18 | | | 21 | 22 |

❺

| | | | | | | | | | |
|---|---|---|---|---|---|---|---|---|---|
| | 34 | 35 | 36 | | 38 | 39 | | | 42 |

정답 93쪽

| 공부한 날짜 | 맞힌 개수 | 걸린 시간 |
| --- | --- | --- |
| 월 일 | /17 | 분 |

순서에 맞게 빈 곳에 알맞은 수를 써넣으세요.

⑥

| | | | | |
| --- | --- | --- | --- | --- |
| 38 | | | 41 | 42 |

⑦

| | | | | |
| --- | --- | --- | --- | --- |
| 14 | 15 | | | 18 |

⑧

| | | | | |
| --- | --- | --- | --- | --- |
| 12 | 13 | 14 | | |

⑨

| | | | | |
| --- | --- | --- | --- | --- |
| 43 | 44 | | | 47 |

⑩

| | | | | |
| --- | --- | --- | --- | --- |
| | 28 | 29 | | 31 |

⑪

| | | | | |
| --- | --- | --- | --- | --- |
| | | 18 | 19 | 20 |

⑫

| | | | | |
| --- | --- | --- | --- | --- |
| | 20 | 21 | 22 | |

⑬

| | | | | |
| --- | --- | --- | --- | --- |
| | 31 | | 33 | 34 |

⑭

| | | | | |
| --- | --- | --- | --- | --- |
| 45 | | | 48 | 49 |

⑮

| | | | | |
| --- | --- | --- | --- | --- |
| 21 | | 23 | 24 | |

⑯

| | | | | |
| --- | --- | --- | --- | --- |
| 35 | | 37 | 38 | |

⑰

| | | | | |
| --- | --- | --- | --- | --- |
| | 25 | 26 | 27 | |

# 09 50까지의 수의 순서 알기 B

## 28보다 1 큰 수와 1 작은 수 알아보기

| 1 작은 수 | | 1큰 수 |
| --- | --- | --- |
| 27 | 28 | 29 |

28 바로 앞의 수: 27 / 28 바로 뒤의 수: 29

원리 비법 1 큰 수는 **바로 뒤의 수**, 1 작은 수는 **바로 앞의 수**야!

빈 곳에 알맞은 수를 써넣으세요.

❶ 1 작은 수 / 1큰 수

| 1 작은 수 | | 1큰 수 |
| --- | --- | --- |
| | 36 | |

❷

| 1 작은 수 | | 1큰 수 |
| --- | --- | --- |
| | 15 | |

❸

| 1 작은 수 | | 1큰 수 |
| --- | --- | --- |
| | 27 | |

❹

| 1 작은 수 | | 1큰 수 |
| --- | --- | --- |
| | 49 | |

❺

| 1 작은 수 | | 1큰 수 |
| --- | --- | --- |
| | 32 | |

❻

| 1 작은 수 | | 1큰 수 |
| --- | --- | --- |
| | 19 | |

❼

| 1 작은 수 | | 1큰 수 |
| --- | --- | --- |
| | 37 | |

❽

| 1 작은 수 | | 1큰 수 |
| --- | --- | --- |
| | 47 | |

❾

| 1 작은 수 | | 1큰 수 |
| --- | --- | --- |
| | 29 | |

❿

| 1 작은 수 | | 1큰 수 |
| --- | --- | --- |
| | 41 | |

정답 94쪽

| 공부한 날짜 | 맞힌 개수 | 걸린 시간 |
| --- | --- | --- |
| 월 일 | /24 | 분 |

빈 곳에 알맞은 수를 써넣으세요.

⑪ 25 — (1큰 수) □ — (1큰 수) □

⑫ 48 — (1큰 수) □ — (1큰 수) □

⑬ 14 — (1큰 수) □ — (1큰 수) □

⑭ 33 — (1큰 수) □ — (1큰 수) □

⑮ 29 — (1큰 수) □ — (1큰 수) □

⑯ 24 — (1큰 수) □ — (1큰 수) □

⑰ 38 — (1큰 수) □ — (1큰 수) □

⑱ 43 — (1큰 수) □ — (1큰 수) □

⑲ 21 — (1큰 수) □ — (1큰 수) □

⑳ 11 — (1큰 수) □ — (1큰 수) □

㉑ 35 — (1큰 수) □ — (1큰 수) □

㉒ 45 — (1큰 수) □ — (1큰 수) □

㉓ 18 — (1큰 수) □ — (1큰 수) □

㉔ 30 — (1큰 수) □ — (1큰 수) □

# 10 50까지의 수의 크기 비교 A

**47과 39의 크기 비교**

47 (>) 39 → 47은 39보다 큽니다.
39는 47보다 작습니다.

10개씩 묶음의 수가 다를 때에는 10개씩 묶음의 수가 클수록 큰 수입니다.

원리 비법 10개씩 묶음의 수가 다를 때 **10개씩 묶음의 수**를 비교해!

○ 안에 >, <를 사용하여 나타내세요.

1. 17 ○ 34
2. 13 ○ 48
3. 27 ○ 12
4. 24 ○ 36
5. 16 ○ 22
6. 23 ○ 46
7. 44 ○ 37
8. 21 ○ 38
9. 18 ○ 35
10. 43 ○ 29
11. 25 ○ 11
12. 30 ○ 14
13. 45 ○ 20
14. 24 ○ 47
15. 44 ○ 31

정답 94쪽

| 공부한 날짜 | 맞힌 개수 | 걸린 시간 |
| --- | --- | --- |
| 월 일 | /39 | 분 |

### 더 큰 수에 ○표 하세요.

⑯ 28 | 42

⑰ 15 | 40

⑱ 22 | 19

⑲ 13 | 33

⑳ 26 | 16

㉑ 31 | 49

㉒ 44 | 21

㉓ 23 | 49

㉔ 33 | 43

㉕ 39 | 29

㉖ 13 | 47

㉗ 19 | 24

### 더 작은 수에 △표 하세요.

㉘ 33 | 46

㉙ 23 | 41

㉚ 15 | 38

㉛ 38 | 25

㉜ 42 | 12

㉝ 35 | 20

㉞ 26 | 32

㉟ 29 | 12

㊱ 37 | 18

㊲ 14 | 40

㊳ 43 | 22

㊴ 18 | 47

# 11 50까지의 수의 크기 비교 B

**○ 23과 21의 크기 비교**

23 (>) 21 ➡ 23은 21보다 큽니다. / 21은 23보다 작습니다.

10개씩 묶음의 수가 같을 때에는 낱개의 수가 클수록 큰 수입니다.

원리 비법 10개씩 묶음의 수가 같을 때 **낱개의 수**를 비교해!

○ 안에 >, <를 사용하여 나타내세요.

1. 37 ○ 31
2. 22 ○ 20
3. 43 ○ 41
4. 21 ○ 27
5. 23 ○ 28
6. 44 ○ 45
7. 29 ○ 25
8. 34 ○ 39
9. 46 ○ 48
10. 48 ○ 45
11. 13 ○ 19
12. 16 ○ 10
13. 18 ○ 15
14. 36 ○ 30
15. 17 ○ 11

정답 94쪽

| 공부한 날짜 | 맞힌 개수 | 걸린 시간 |
|---|---|---|
| 월 일 | /31 | 분 |

가장 큰 수에 ○표 하세요.

16 14 11 17

17 47 42 40

18 21 22 27

19 40 48 45

20 32 38 35

21 28 24 26

22 14 18 10

23 26 22 25

가장 작은 수에 △표 하세요.

24 35 31 38

25 25 23 24

26 11 12 17

27 24 28 21

28 44 49 41

29 33 30 39

30 46 47 42

31 11 10 14

# 나만의 캐릭터를
# 색칠하세요

## 나만의 캐릭터를
# 색칠하세요

# 최우수상

## 참 잘했어요!

이름 ______________________

위 어린이는 쌍둥이 연산 노트 1학년 1학기 과정을

스스로 꾸준히 훌륭하게 마쳤습니다.

이에 칭찬하여 이 상장을 드립니다.

년　　　월　　　일

# 정답

초등 1단계

# 1·1 예습책

## 6쪽 01 1, 2, 3, 4, 5 알기 A

1. 1에 ○표
2. 4에 ○표
3. 3에 ○표
4. 2에 ○표
5. 5에 ○표
6. 3에 ○표
7. 2에 ○표
8. 4에 ○표

**7쪽**

9. 셋, 삼
10. 둘, 이
11. 다섯, 오
12. 하나, 일
13. 넷, 사
14. 하나, 일
15. 다섯, 오
16. 셋, 삼
17. 넷, 사
18. 둘, 이

## 8쪽 02 6, 7, 8, 9, 0 알기 A

1. 8에 ○표
2. 0에 ○표
3. 6에 ○표
4. 7에 ○표
5. 9에 ○표
6. 8에 ○표

**9쪽**

7. 여섯, 육
8. 여덟, 팔
9. 일곱, 칠
10. 아홉, 구
11. 영
12. 아홉, 구
13. 일곱, 칠
14. 영
15. 여덟, 팔
16. 여섯, 육

## 10쪽 03 몇째 알기 A

1. 2, 4, 9 / 넷, 여섯, 아홉 / 둘째
2. 1, 4, 5, 8 / 둘, 넷, 여섯, 여덟 / 일곱째
3. 2, 6, 8 / 둘, 여덟, 아홉 / 넷째, 여섯째, 일곱째, 아홉째
4. 3, 5, 7 / 하나, 셋, 일곱, 아홉 / 첫째, 다섯째, 아홉째

**11쪽**

5. 
6. 
7. 
8. 
9. 
10. 

## 12쪽 04 수의 순서 알기 A

1. 2, 5
2. 3, 5
3. 7, 8
4. 4, 6, 8
5. 4, 5
6. 5, 6
7. 4, 5
8. 6, 9
9. 1, 3, 4
10. 5, 7, 8

**13쪽**

11. 넷, 다섯
12. 둘, 다섯
13. 다섯, 여덟
14. 다섯, 여섯
15. 여섯, 일곱
16. 셋, 다섯
17. 이, 사
18. 사, 오
19. 육, 팔
20. 삼, 오
21. 일, 이
22. 오, 육

## 14쪽 05 수의 순서 알기 (B)

① 5, 3
② 6, 2
③ 7, 4
④ 9, 7
⑤ 7, 3
⑥ 8, 6
⑦ 6, 5
⑧ 5, 1
⑨ 6, 5
⑩ 5, 4

### 15쪽

⑪ 여섯, 다섯
⑫ 넷, 하나
⑬ 여섯, 셋
⑭ 일곱, 다섯
⑮ 여섯, 다섯
⑯ 넷, 셋
⑰ 육, 사
⑱ 사, 이
⑲ 육, 오
⑳ 구, 오
㉑ 삼, 이
㉒ 칠, 육

## 16쪽 06 1 큰 수와 1 작은 수 (A)

① 5 / 4, 6
② 2 / 1, 3
③ 8 / 7, 9
④ 4 / 3, 5
⑤ 7 / 6, 8
⑥ 6 / 5, 7

### 17쪽

⑦ 2, 4
⑧ 1, 3
⑨ 7, 9
⑩ 5, 7
⑪ 4, 6
⑫ 5, 7
⑬ 7, 9
⑭ 3, 5
⑮ 1, 3
⑯ 6, 8

## 18쪽 07 1 큰 수와 1 작은 수 (B)

① 3, 5
② 4, 6
③ 6, 8
④ 2, 4
⑤ 1, 3
⑥ 7, 9
⑦ 5, 7
⑧ 1, 3
⑨ 4, 6
⑩ 7, 9

### 19쪽

⑪ 7, 8
⑫ 4, 5
⑬ 2, 3
⑭ 5, 6
⑮ 3, 4
⑯ 6, 7
⑰ 8, 9
⑱ 2, 3
⑲ 3, 4
⑳ 6, 7
㉑ 4, 5
㉒ 8, 9
㉓ 7, 8
㉔ 5, 6

## 20쪽 08 수의 크기 비교하기 (A)

① 적습니다에 ○표
② 많습니다에 ○표
③ 적습니다에 ○표
④ 많습니다에 ○표
⑤ 적습니다에 ○표
⑥ 많습니다에 ○표

### 21쪽

⑦ 왼쪽에 ○표
⑧ 오른쪽에 ○표
⑨ 왼쪽에 ○표
⑩ 오른쪽에 ○표
⑪ 왼쪽에 ○표
⑫ 오른쪽에 ○표

⑬ 오른쪽에 △표
⑭ 왼쪽에 △표
⑮ 오른쪽에 △표
⑯ 왼쪽에 △표

## 22쪽 09 수의 크기 비교하기 B

| | | |
|---|---|---|
| ❶ 7에 ○표 | ❹ 5에 ○표 | ❼ 7에 ○표 |
| ❷ 6에 ○표 | ❺ 9에 ○표 | ❽ 6에 ○표 |
| ❸ 5에 ○표 | ❻ 8에 ○표 | ❾ 5에 ○표 |
| ❿ 1에 △표 | ⓭ 5에 △표 | ⓰ 3에 △표 |
| ⓫ 3에 △표 | ⓮ 4에 △표 | ⓱ 2에 △표 |
| ⓬ 1에 △표 | ⓯ 2에 △표 | ⓲ 3에 △표 |

## 23쪽

| | |
|---|---|
| ⓳ 8, 9에 ○표 | ㉓ 8, 6에 ○표 |
| ⓴ 7, 8에 ○표 | ㉔ 7, 4에 ○표 |
| ㉑ 5, 3에 ○표 | ㉕ 7, 8에 ○표 |
| ㉒ 7, 9에 ○표 | ㉖ 7, 4에 ○표 |
| ㉗ 4, 3에 △표 | ㉛ 1, 0에 △표 |
| ㉘ 4, 2에 △표 | ㉜ 1, 3에 △표 |
| ㉙ 0, 3에 △표 | ㉝ 0, 1에 △표 |
| ㉚ 1, 0에 △표 | ㉞ 2, 4에 △표 |

## 24쪽 01 9까지의 두 수를 모으기 A

❶ ○○○○○
❷ ○○○○○○
❸ ○○○○○
❹ ○○○○○○○
❺ ○○○○○○○○
❻ ○○○○○○○○

**25쪽**

❼ ○○○○○○○
❽ ○○○○○○○○
❾ ○○○○○
❿ ○○○○○○○○
⓫ ○○○○○○○
⓬ ○○○○
⓭ ○○○○○○
⓮ ○○○○○○○○○
⓯ ○○○○○○○
⓰ ○○○

## 26쪽 02 9까지의 두 수를 모으기 B

❶ 9
❷ 3
❸ 4
❹ 8
❺ 6
❻ 7
❼ 9
❽ 8
❾ 7
❿ 6
⓫ 7
⓬ 8

**27쪽**

⓭ 4
⓮ 8
⓯ 4
⓰ 7
⓱ 7
⓲ 6
⓳ 8
⓴ 2
㉑ 9
㉒ 6
㉓ 6
㉔ 9
㉕ 6
㉖ 9
㉗ 7

## 28쪽 03 9까지의 세 수를 모으기 A

❶ ○○○○○○○
❷ ○○○○○○
❸ ○○○○○○
❹ ○○○○○○○○○
❺ ○○○○○○○○
❻ ○○○○○○○

**29쪽**

❼ ○○○○○
❽ ○○○○○○○○○
❾ ○○○○○○
❿ ○○○○○○○○
⓫ ○○○○○○○
⓬ ○○○○○○
⓭ ○○○○○○
⓮ ○○○○○○○
⓯ ○○○○○○○○○
⓰ ○○○○○○○○○

## 30쪽 04 9까지의 세 수를 모으기 B

❶ 9
❷ 6
❸ 8
❹ 9
❺ 6
❻ 4
❼ 9
❽ 4

**31쪽**

❾ 8
❿ 9
⓫ 8
⓬ 9
⓭ 7
⓮ 8
⓯ 6
⓰ 3
⓱ 9
⓲ 5
⓳ 7
⓴ 8

## 32쪽 05 합이 9까지인 두 수 덧셈하기 (A)

① 8+1=9 / (예) 8 더하기 1은 9와 같습니다.

② 2+4=6 / (예) 2 더하기 4는 6과 같습니다.

③ 2+6=8 / (예) 2 더하기 6은 8과 같습니다.

④ 3+5=8 / (예) 3 더하기 5는 8과 같습니다.

⑤ 4+3=7 / (예) 4 더하기 3은 7과 같습니다.

⑥ 1+8=9 / (예) 1 더하기 8은 9와 같습니다.

### 33쪽

⑦ 3+1=4 / (예) 3 더하기 1은 4와 같습니다.

⑧ 4+4=8 / (예) 4 더하기 4는 8과 같습니다.

⑨ 1+7=8 / (예) 1 더하기 7은 8과 같습니다.

⑩ 5+3=8 / (예) 5 더하기 3은 8과 같습니다.

⑪ 7+1=8 / (예) 7 더하기 1은 8과 같습니다.

⑫ 2+3=5 / (예) 2 더하기 3은 5와 같습니다.

⑬ 2+7=9 / (예) 2 더하기 7은 9와 같습니다.

⑭ 3+6=9 / (예) 3 더하기 6은 9와 같습니다.

## 34쪽 06 합이 9까지인 두 수 덧셈하기 (B)

① 5, 6
② 2, 5
③ 7, 9
④ 0, 4
⑤ 0, 5
⑥ 1, 2
⑦ 1, 8
⑧ 3, 9

### 35쪽

⑨ 7
⑩ 6
⑪ 8
⑫ 9
⑬ 5
⑭ 3
⑮ 4
⑯ 8
⑰ 3
⑱ 8
⑲ 6
⑳ 8
㉑ 9
㉒ 8
㉓ 7
㉔ 9
㉕ 5
㉖ 9

## 36쪽 07 합이 9까지인 세 수 덧셈하기 (A)

① 1+1+2=4 / (예) 1 더하기 1 더하기 2는 4와 같습니다.

② 1+4+1=6 / (예) 1 더하기 4 더하기 1은 6과 같습니다.

③ 1+2+1=4 / (예) 1 더하기 2 더하기 1은 4와 같습니다.

④ 5+1+3=9 / (예) 5 더하기 1 더하기 3은 9와 같습니다.

⑤ 1+3+5=9 / (예) 1 더하기 3 더하기 5는 9와 같습니다.

⑥ 1+1+6=8 / (예) 1 더하기 1 더하기 6은 8과 같습니다.

### 37쪽

⑦ 1+6+2=9 / (예) 1 더하기 6 더하기 2는 9와 같습니다.

⑧ 1+3+4=8 / (예) 1 더하기 3 더하기 4는 8과 같습니다.

⑨ 1+1+4=6 / (예) 1 더하기 1 더하기 4는 6과 같습니다.

⑩ 1+4+2=7 / (예) 1 더하기 4 더하기 2는 7과 같습니다.

⑪ 1+1+7=9 / (예) 1 더하기 1 더하기 7은 9와 같습니다.

⑫ 4+2+1=7 / (예) 4 더하기 2 더하기 1은 7과 같습니다.

⑬ 1+5+1=7 / (예) 1 더하기 5 더하기 1은 7과 같습니다.

⑭ 1+2+2=5 / (예) 1 더하기 2 더하기 2는 5와 같습니다.

## 38쪽 08 합이 9까지인 세 수 덧셈하기 B

❶ 1, 6, 9
❷ 0, 2, 8
❸ 1, 1, 4
❹ 1, 3, 8
❺ 2, 5, 9
❻ 1, 3, 7
❼ 4, 1, 9
❽ 1, 5, 9

## 39쪽

❾ 8
❿ 7
⓫ 4
⓬ 5
⓭ 9
⓮ 7
⓯ 8
⓰ 7
⓱ 9
⓲ 5
⓳ 8
⓴ 7
㉑ 9
㉒ 9
㉓ 6
㉔ 9
㉕ 5
㉖ 9

## 40쪽 01 9까지의 두 수로 가르기 A

❶ ○○○
❷ ○○○○○○○
❸ ○○
❹ ○
❺ ○
❻ ○○○

**41쪽**

❼ ○○○○○○
❽ ○○○○
❾ ○○○
❿ ○○○○○○○○
⓫ ○○
⓬ ○○○○○○
⓭ ○○○○
⓮ ○
⓯ ○○
⓰ ○○○

## 44쪽 03 9까지의 세 수로 가르기 A

❶ ○
❷ ○○
❸ ○
❹ ○○○
❺ ○○
❻ ○○

**45쪽**

❼ ○
❽ ○○○
❾ ○○○○○○
❿ ○
⓫ ○
⓬ ○○○○○○
⓭ ○
⓮ ○○○○○
⓯ ○○
⓰ ○

## 42쪽 02 9까지의 두 수로 가르기 B

❶ 1
❷ 5
❸ 1
❹ 2
❺ 3
❻ 1
❼ 1
❽ 2
❾ 3
❿ 6
⓫ 7
⓬ 1

**43쪽**

⓭ 2
⓮ 2
⓯ 4
⓰ 2
⓱ 1
⓲ 1
⓳ 1
⓴ 3
㉑ 4
㉒ 3
㉓ 3
㉔ 5
㉕ 7
㉖ 8
㉗ 4

## 46쪽 04 9까지의 세 수로 가르기 B

❶ 2
❷ 2
❸ 1
❹ 1
❺ 1
❻ 1
❼ 2
❽ 3

**47쪽**

❾ 2
❿ 3
⓫ 3
⓬ 3
⓭ 4
⓮ 1
⓯ 4
⓰ 1
⓱ 2
⓲ 3
⓳ 3
⓴ 2

## 48쪽 05 한 자리 수의 뺄셈하기 A

① 7 − 5 = 2 / 예 7 빼기 5는 2와 같습니다.

② 8 − 2 = 6 / 예 8 빼기 2는 6과 같습니다.

③ 9 − 3 = 6 / 예 9 빼기 3은 6과 같습니다.

④ 9 − 5 = 4 / 예 9 빼기 5는 4와 같습니다.

⑤ 5 − 2 = 3 / 예 5 빼기 2는 3과 같습니다.

⑥ 6 − 5 = 1 / 예 6 빼기 5는 1과 같습니다.

### 49쪽

⑦ 8 − 1 = 7 / 8 빼기 1은 7과 같습니다.

⑧ 7 − 6 = 1 / 7 빼기 6은 1과 같습니다.

⑨ 9 − 1 = 8 / 9 빼기 1은 8과 같습니다.

⑩ 6 − 4 = 2 / 6 빼기 4는 2와 같습니다.

⑪ 4 − 2 = 2 / 예 4 빼기 2는 2와 같습니다.

⑫ 7 − 1 = 6 / 예 7 빼기 1은 6과 같습니다.

⑬ 3 − 1 = 2 / 예 3 빼기 1은 2와 같습니다.

⑭ 8 − 4 = 4 / 예 8 빼기 4는 4와 같습니다.

## 50쪽 06 한 자리 수의 뺄셈하기 B

① 4, 2
② 7, 1
③ 1, 6
④ 3, 6
⑤ 4, 5
⑥ 3, 2
⑦ 1, 1
⑧ 2, 1

### 51쪽

⑨ 4
⑩ 1
⑪ 3
⑫ 9
⑬ 2
⑭ 3
⑮ 3
⑯ 5
⑰ 1
⑱ 2
⑲ 1
⑳ 4
㉑ 4
㉒ 4
㉓ 3
㉔ 4
㉕ 5
㉖ 8

## 52쪽 07 세 수로 덧셈식 만들기 A

① 4, 6, 2, 6
② 2, 5, 3, 5
③ 5, 9, 4, 9
④ 3, 4, 1, 4
⑤ 1, 6, 5, 6
⑥ 4, 7, 3, 7
⑦ 3, 8, 5, 8
⑧ 2, 9, 7, 9

### 53쪽

⑨ 4, 5, 1, 5
⑩ 2, 7, 5, 7
⑪ 6, 8, 2, 8
⑫ 6, 9, 3, 9
⑬ 2, 6, 4, 6
⑭ 1, 3, 2, 3
⑮ 7, 8, 1, 8
⑯ 8, 9, 1, 9
⑰ 3, 5, 2, 5
⑱ 6, 7, 1, 7

## 54쪽 08 세 수로 뺄셈식 만들기 A

① 9, 6, 9, 6
② 6, 1, 6, 1
③ 3, 2, 3, 2
④ 8, 2, 8, 2
⑤ 7, 6, 7, 6
⑥ 9, 7, 9, 7
⑦ 4, 1, 4, 1
⑧ 5, 2, 5, 2

### 55쪽

⑨ 6, 2, 6, 2
⑩ 5, 1, 5, 1
⑪ 7, 3, 7, 3
⑫ 9, 4, 9, 4
⑬ 7, 2, 7, 2
⑭ 9, 8, 9, 8
⑮ 5, 2, 5, 2
⑯ 8, 1, 8, 1
⑰ 8, 2, 8, 2
⑱ 8, 5, 8, 5

## 56쪽 01 10 모으기와 가르기 A

① 10 ⑤ 10 ⑨ 10
② 10 ⑥ 10 ⑩ 10
③ 10 ⑦ 10 ⑪ 10
④ 10 ⑧ 10 ⑫ 10

**57쪽**

⑬ 8 ⑱ 3 ㉓ 6
⑭ 9 ⑲ 5 ㉔ 2
⑮ 4 ⑳ 7 ㉕ 1
⑯ 3 ㉑ 5 ㉖ 9
⑰ 8 ㉒ 4 ㉗ 6

## 58쪽 02 십몇 알기 A

① 17 ⑤ 15
② 16 ⑥ 18
③ 12 ⑦ 13
④ 14 ⑧ 19

**59쪽**

⑨ 십이, 열둘 ⑭ 십일, 열하나
⑩ 십육, 열여섯 ⑮ 십구, 열아홉
⑪ 십사, 열넷 ⑯ 십칠, 열일곱
⑫ 십오, 열다섯 ⑰ 십삼, 열셋
⑬ 십팔, 열여덟 ⑱ 십육, 열여섯

## 60쪽 03 십몇 모으기와 가르기 A

① ○○○○○○○○○○ ○○○ ④ ○○○○○○○○○○ ○○
② ○○○○○○○○○○ ○○○○ ⑤ ○○○○○○○○○○ ○○
③ ○○○○○○○○○○ ○ ⑥ ○○○○○○○○○○ ○○○○○

**61쪽**

⑦ ○○○○○ ⑪ ○○○○○○○○○
⑧ ○○○○ ⑫ ○○○○○○○○○
⑨ ○○○○○○ ⑬ ○○○○○○○○○
⑩ ○○○○○○ ⑭ ○○○

## 62쪽 04 십몇 모으기와 가르기 B

① 14 ⑤ 12 ⑨ 12
② 11 ⑥ 18 ⑩ 11
③ 13 ⑦ 13 ⑪ 15
④ 16 ⑧ 11 ⑫ 13

**63쪽**

⑬ 8 ⑱ 9 ㉓ 8
⑭ 5 ⑲ 9 ㉔ 8
⑮ 9 ⑳ 5 ㉕ 3
⑯ 5 ㉑ 4 ㉖ 6
⑰ 6 ㉒ 9 ㉗ 6

## 64쪽 05 몇십 알기 (A)

❶ 20
❷ 30
❸ 40
❹ 10
❺ 40
❻ 50
❼ 30
❽ 20

### 65쪽

❾ 이십, 스물
❿ 사십, 마흔
⓫ 삼십, 서른
⓬ 사십, 마흔
⓭ 십, 열
⓮ 오십, 쉰
⓯ 오십, 쉰
⓰ 삼십, 서른
⓱ 십, 열
⓲ 이십, 스물
⓳ 삼십, 서른
⓴ 이십, 스물

## 66쪽 06 몇십몇 알기 (A)

❶ 23
❷ 42
❸ 36
❹ 44
❺ 32
❻ 47
❼ 21
❽ 25

### 67쪽

❾ 삼십팔, 서른여덟
❿ 사십이, 마흔둘
⓫ 이십칠, 스물일곱
⓬ 사십삼, 마흔셋
⓭ 이십구, 스물아홉
⓮ 삼십삼, 서른셋
⓯ 이십사, 스물넷
⓰ 삼십육, 서른여섯
⓱ 이십이, 스물둘
⓲ 사십팔, 마흔여덟

## 68쪽 07 몇십몇 알기 (B)

❶ 4 / 4, 24
❷ 0 / 0, 20
❸ 2 / 2, 42
❹ 7 / 7, 37
❺ 40 / 40, 45
❻ 30 / 30, 35
❼ 30 / 30, 32
❽ 20 / 20, 27

### 69쪽

❾ 20, 2 / 20, 2, 22
❿ 40, 7 / 40, 7, 47
⓫ 20, 3 / 20, 3, 23
⓬ 40, 8 / 40, 8, 48
⓭ 40, 1 / 40, 1, 41
⓮ 30, 3 / 30, 3, 33
⓯ 30, 9 / 30, 9, 39
⓰ 20, 9 / 20, 9, 29
⓱ 40, 3 / 40, 3, 43
⓲ 30, 5 / 30, 5, 35

## 70쪽 08 50까지의 수의 순서 알기 (A)

❶ 23, 26, 27
❷ 20, 23, 24, 27, 28
❸ 16, 18, 22, 23
❹ 13, 14, 15, 19, 20
❺ 33, 37, 40, 41

### 71쪽

❻ 39, 40
❼ 16, 17
❽ 15, 16
❾ 45, 46
❿ 27, 30
⓫ 16, 17
⓬ 19, 23
⓭ 30, 32
⓮ 46, 47
⓯ 22, 25
⓰ 36, 39
⓱ 24, 28

## 72쪽 09 50까지의 수의 순서 알기 (B)

| | |
|---|---|
| 1 35, 37 | 6 18, 20 |
| 2 14, 16 | 7 36, 38 |
| 3 26, 28 | 8 46, 48 |
| 4 48, 50 | 9 28, 30 |
| 5 31, 33 | 10 40, 42 |

### 73쪽

| | |
|---|---|
| 11 26, 27 | 18 44, 45 |
| 12 49, 50 | 19 22, 23 |
| 13 15, 16 | 20 12, 13 |
| 14 34, 35 | 21 36, 37 |
| 15 30, 31 | 22 46, 47 |
| 16 25, 26 | 23 19, 20 |
| 17 39, 40 | 24 31, 32 |

## 74쪽 10 50까지의 수의 크기 비교 (A)

| | | |
|---|---|---|
| 1 < | 6 < | 11 > |
| 2 < | 7 > | 12 > |
| 3 > | 8 < | 13 > |
| 4 < | 9 < | 14 < |
| 5 < | 10 > | 15 > |

### 75쪽

| | | |
|---|---|---|
| 16 42에 ○표 | 20 26에 ○표 | 24 43에 ○표 |
| 17 40에 ○표 | 21 49에 ○표 | 25 39에 ○표 |
| 18 22에 ○표 | 22 44에 ○표 | 26 47에 ○표 |
| 19 33에 ○표 | 23 49에 ○표 | 27 24에 ○표 |
| 28 33에 △표 | 32 12에 △표 | 36 18에 △표 |
| 29 23에 △표 | 33 20에 △표 | 37 14에 △표 |
| 30 15에 △표 | 34 26에 △표 | 38 22에 △표 |
| 31 25에 △표 | 35 12에 △표 | 39 18에 △표 |

## 76쪽 11 50까지의 수의 크기 비교 (B)

| | | |
|---|---|---|
| 1 > | 6 < | 11 < |
| 2 > | 7 > | 12 > |
| 3 > | 8 < | 13 > |
| 4 < | 9 < | 14 > |
| 5 < | 10 > | 15 > |

### 77쪽

| | |
|---|---|
| 16 17에 ○표 | 20 38에 ○표 |
| 17 47에 ○표 | 21 28에 ○표 |
| 18 27에 ○표 | 22 18에 ○표 |
| 19 48에 ○표 | 23 26에 ○표 |
| 24 31에 △표 | 28 41에 △표 |
| 25 23에 △표 | 29 30에 △표 |
| 26 11에 △표 | 30 42에 △표 |
| 27 21에 △표 | 31 10에 △표 |

# MEMO

# MEMO

쌤과 맘이 만든

# 쌍둥이 연산노트

초등 1단계

# 1·1

## 복습책

쌍둥이 연산 노트

# 한눈에 보기

## 1학년

### 1학기

| 단원 | 학습 내용 |
|---|---|
| 9까지의 수 | · 9까지의 수의 순서 알기<br>· 수를 세어 크기 비교하기 |
| 덧셈 | · 9까지의 수 모으기<br>· 합이 9까지인 덧셈하기 |
| 뺄셈 | · 9까지의 수 가르기<br>· 한 자리 수의 뺄셈하기 |
| 50까지의 수 | · 십몇 알고 모으기와 가르기<br>· 50까지의 수의 순서 알기<br>· 50까지의 수의 크기 비교 |

### 2학기

| 단원 | 학습 내용 |
|---|---|
| 100까지의 수 | · 100까지의 수의 순서 알기<br>· 100까지 수의 크기 비교하기 |
| 덧셈(1) | · (몇십몇)+(몇십몇)<br>· 합이 한 자리 수인 세 수의 덧셈 |
| 뺄셈(1) | · (몇십몇)−(몇십몇)<br>· 계산 결과가 한 자리 수인 세 수의 뺄셈 |
| 덧셈(2) | · 세 수의 덧셈<br>· 받아올림이 있는 (몇)+(몇) |
| 뺄셈(2) | · 세 수의 뺄셈<br>· 받아내림이 있는 (십몇)−(몇) |

## 2학년

### 1학기

| 단원 | 학습 내용 |
|---|---|
| 세 자리 수 | · 세 자리 수의 자릿값 알기<br>· 수의 크기 비교 |
| 덧셈 | · 받아올림이 있는 (두 자리 수)+(두 자리 수)<br>· 세 수의 덧셈 |
| 뺄셈 | · 받아내림이 있는 (두 자리 수)−(두 자리 수)<br>· 세 수의 뺄셈 |
| 곱셈 | · 몇 배인지 알아보기<br>· 곱셈식으로 나타내기 |

### 2학기

| 단원 | 학습 내용 |
|---|---|
| 네 자리 수 | · 네 자리 수 알기<br>· 두 수의 크기 비교 |
| 곱셈구구 | · 2~9단 곱셈구구<br>· 1의 단, 0과 어떤 수의 곱 |
| 길이 재기 | · 길이의 합<br>· 길이의 차 |
| 시각과 시간 | · 시각 읽기<br>· 시각과 분 사이의 관계<br>· 하루, 1주일, 달력 알기 |

## 3학년

### 1학기

| 단원 | 학습 내용 |
|---|---|
| 덧셈 | · 받아올림이 있는 (세 자리 수)+(세 자리 수) |
| 뺄셈 | · 받아내림이 있는 (세 자리 수)−(세 자리 수) |
| 나눗셈 | · 곱셈과 나눗셈의 관계<br>· 나눗셈의 몫 구하기 |
| 곱셈 | · 올림이 있는 (몇십몇)×(몇) |
| 길이와 시간의 덧셈과 뺄셈 | · 길이의 덧셈과 뺄셈<br>· 시간의 덧셈과 뺄셈 |
| 분수와 소수 | · 분모가 같은 분수의 크기 비교<br>· 소수의 크기 비교 |

### 2학기

| 단원 | 학습 내용 |
|---|---|
| 곱셈 | · 올림이 있는 (세 자리 수)×(한 자리 수)<br>· 올림이 있는 (몇십몇)×(몇십몇) |
| 나눗셈 | · 나머지가 있는 (몇십몇)÷(몇)<br>· 나머지가 있는 (세 자리 수)÷(한 자리 수) |
| 분수 | · 진분수, 가분수, 대분수<br>· 대분수를 가분수로 나타내기<br>· 가분수를 대분수로 나타내기<br>· 분모가 같은 분수의 크기 비교 |
| 들이와 무게 | · 들이의 덧셈과 뺄셈<br>· 무게의 덧셈과 뺄셈 |

**쌍둥이 연산 노트**는 **수학 교과서의 연산과 관련된 모든 영역의 문제를**
학교 수업 차시에 맞게 구성하였습니다.

## 4학년

### 1학기

| 단원 | 학습 내용 |
|---|---|
| 큰 수 | · 다섯 자리 수<br>· 천만, 천억, 천조 알기<br>· 수의 크기 비교 |
| 각도 | · 각도의 합과 차<br>· 삼각형의 세 각의 크기의 합<br>· 사각형의 네 각의 크기의 합 |
| 곱셈 | · (몇백)×(몇십)<br>· (세 자리 수)×(두 자리 수) |
| 나눗셈 | · (몇백몇십)÷(몇십)<br>· (세 자리 수)÷(두 자리 수) |

### 2학기

| 단원 | 학습 내용 |
|---|---|
| 분수의 덧셈 | · 분모가 같은 분수의 덧셈<br>· 진분수 부분의 합이 1보다 큰 대분수의 덧셈 |
| 분수의 뺄셈 | · 분모가 같은 분수의 뺄셈<br>· 받아내림이 있는 대분수의 뺄셈 |
| 소수의 덧셈 | · (소수 두 자리 수)+(소수 두 자리 수)<br>· 자릿수가 다른 소수의 덧셈 |
| 소수의 뺄셈 | · (소수 두 자리 수)−(소수 두 자리 수)<br>· 자릿수가 다른 소수의 뺄셈 |
| 다각형 | · 삼각형, 평행사변형, 마름모, 직사각형의 각도와 길이 구하기 |

## 5학년

### 1학기

| 단원 | 학습 내용 |
|---|---|
| 자연수의 혼합 계산 | · 덧셈, 뺄셈, 곱셈, 나눗셈이 섞여 있는 식 계산하기 |
| 약수와 배수 | · 약수와 배수<br>· 최대공약수와 최소공배수 |
| 약분과 통분 | · 약분과 통분<br>· 분수와 소수의 크기 비교 |
| 분수의 덧셈과 뺄셈 | · 받아올림이 있는 분수의 덧셈<br>· 받아내림이 있는 분수의 뺄셈 |
| 다각형의 둘레와 넓이 | · 정다각형의 둘레<br>· 사각형, 평행사변형, 삼각형, 마름모, 사다리꼴의 넓이 |

### 2학기

| 단원 | 학습 내용 |
|---|---|
| 어림하기 | · 올림, 버림, 반올림 |
| 분수의 곱셈 | · (분수)×(자연수)<br>· (자연수)×(분수)<br>· (분수)×(분수)<br>· 세 분수의 곱셈 |
| 소수의 곱셈 | · (소수)×(자연수)<br>· (자연수)×(소수)<br>· (소수)×(소수)<br>· 곱의 소수점의 위치 |
| 자료의 표현 | · 평균 구하기 |

## 6학년

### 1학기

| 단원 | 학습 내용 |
|---|---|
| 분수의 나눗셈 | · (자연수)÷(자연수)<br>· (분수)÷(자연수) |
| 소수의 나눗셈 | · (소수)÷(자연수)<br>· (자연수)÷(자연수) |
| 비와 비율 | · 비와 비율 구하기<br>· 비율을 백분율, 백분율을 비율로 나타내기 |
| 직육면체의 부피와 겉넓이 | · 직육면체의 부피와 겉넓이<br>· 정육면체의 부피와 겉넓이 |

### 2학기

| 단원 | 학습 내용 |
|---|---|
| 분수의 나눗셈 | · (진분수)÷(진분수)<br>· (자연수)÷(분수)<br>· (대분수)÷(대분수) |
| 소수의 나눗셈 | · (소수)÷(소수)<br>· (자연수)÷(소수)<br>· 몫을 반올림하여 나타내기 |
| 비례식과 비례배분 | · 간단한 자연수의 비로 나타내기<br>· 비례식과 비례배분 |
| 원주와 원의 넓이 | · 원주, 지름, 반지름 구하기<br>· 원의 넓이 구하기 |

쌍둥이 연산 노트

# 구성과 유의점

| 단원 | 학습 내용 | 지도 시 유의점 | 표준 시간 |
|---|---|---|---|
| 9까지의 수 | 01 1, 2, 3, 4, 5 알기 | · 수 1, 2, 3, 4, 5의 개념을 알게 하고 세어 보게 합니다.<br>· 수 1, 2, 3, 4, 5를 쓰게 하고 물건의 수를 세어 보고 수를 쓰게 합니다. | 7분 |
| | 02 6, 7, 8, 9, 0 알기 | · 수 6, 7, 8, 9, 0의 개념을 알게 하고 세어 보게 합니다.<br>· 수 6, 7, 8, 9, 0을 쓰게 하고 물건의 수를 세어 보고 수를 쓰게 합니다. | 7분 |
| | 03 몇째 알기 | 순서가 있는 상황에서 첫째, 둘째, 셋째, 넷째, 다섯째, 여섯째, 일곱째, 여덟째, 아홉째의 순서를 알고 수로 나타내게 합니다. | 7분 |
| | 04 수의 순서 알기(1) | 1부터 9까지의 수의 순서를 알고 순서대로 알게 합니다. | 8분 |
| | 05 수의 순서 알기(2) | | 8분 |
| | 06 1 큰 수와 1 작은 수(1) | · 상황을 통하여 1만큼 더 큰 수와 1만큼 더 작은 수를 알게 합니다.<br>· 수판을 이용하여 1만큼 더 큰 수와 1만큼 더 작은 수를 알게 합니다. | 7분 |
| | 07 1 큰 수와 1 작은 수(2) | | 8분 |
| | 08 수의 크기 비교하기(1) | · 수를 비교하는 상황에서 많고 적음을 알게 합니다.<br>· 수 세기를 통하여 두 수의 크기를 비교하게 합니다. | 7분 |
| | 09 수의 크기 비교하기(2) | | 12분 |
| 덧셈 | 01 9까지의 두 수를 모으기(1) | · 9까지의 수를 구체물을 이용한 실제로 해 보기 전략으로 모으기를 하게 합니다.<br>· 9까지의 수를 모이기를 하게 합니다.<br>· 구체물을 이용하여 합하는 활동을 통해 덧셈의 의미를 이해하게 합니다. | 7분 |
| | 02 9까지의 두 수를 모으기(2) | | 10분 |
| | 03 9까지의 세 수를 모으기(1) | | 7분 |
| | 04 9까지의 세 수를 모으기(2) | | 8분 |
| | 05 합이 9까지인 두 수 덧셈하기(1) | · 덧셈 상황을 인식하고 구체물이나 손가락을 이용하여 덧셈을 하게 합니다.<br>· 구체적인 활동을 기초로 덧셈 상황을 +, = 기호를 사용하여 덧셈식을 쓰고 읽게 합니다. | 9분 |
| | 06 합이 9까지인 두 수 덧셈하기(2) | | 13분 |
| | 07 합이 9까지인 세 수 덧셈하기(1) | | 9분 |
| | 08 합이 9까지인 세 수 덧셈하기(2) | | 13분 |

◆ 차시별 2쪽 구성으로 차시의 중요도별로 A~C단계로 2~6쪽까지 집중적으로 학습할 수 있습니다.
◆ 차시별 예습 2쪽+복습 2쪽 구성으로 시기별로 2번 반복할 수 있습니다.

| 단원 | 학습 내용 | 지도 시 유의점 | 표준 시간 |
|---|---|---|---|
| 뺄셈 | 01 9까지의 두 수로 가르기(1) | · 9까지의 수를 구체물을 이용한 실제로 해 보기 전략으로 가르기를 하게 합니다.<br>· 9까지의 수를 기르기를 하게 합니다.<br>· 구체물을 이용하여 덜어 내는 활동을 통해 뺄셈의 의미를 이해하게 합니다. | 7분 |
| | 02 9까지의 두 수로 가르기(2) | | 10분 |
| | 03 9까지의 세 수로 가르기(1) | | 7분 |
| | 04 9까지의 세 수로 가르기(2) | | 8분 |
| | 05 한 자리 수의 뺄셈하기(1) | · 뺄셈 상황을 인식하고 구체물이나 손가락을 이용하여 뺄셈을 하게 합니다.<br>· 구체적인 활동을 기초로 뺄셈 상황을 −, = 기호를 사용하여 뺄셈식을 쓰고 읽게 합니다. | 9분 |
| | 06 한 자리 수의 뺄셈하기(2) | | 13분 |
| | 07 세 수로 덧셈식 만들기 | · 다양한 문제 상황에서 덧셈과 뺄셈을 할 수 있도록 합니다.<br>· 덧셈식과 뺄셈식을 쓰고 읽고, 계산하게 합니다. | 9분 |
| | 08 세 수로 뺄셈식 만들기 | | 9분 |
| 50까지의 수 | 01 10 모으기와 가르기 | · 수 세기 활동에 중점을 두어 지도합니다.<br>· 10 모으기와 가르기를 할 수 있도록 합니다. | 10분 |
| | 02 십몇 알기 | · 11부터 19까지의 수를 10개씩 묶음과 낱개로 나타내게 합니다.<br>· 11부터 19까지의 수를 읽고 나타내게 합니다. | 7분 |
| | 03 십몇 모으기와 가르기(1) | · 10까지의 수를 모으기 합니다.<br>· 10까지의 수를 가르기 합니다. | 7분 |
| | 04 십몇 모으기와 가르기(2) | | 10분 |
| | 05 몇십 알기 | · 몇십을 10개씩 묶음 몇 개와 낱개 0개로 표현하게 합니다.<br>· 10, 20, 30, 40, 50을 세어 보고 읽게 합니다. | 8분 |
| | 06 몇십몇 알기(1) | · 몇십몇을 10개씩 묶음 몇 개와 낱개 몇 개로 표현하게 합니다.<br>· 몇십몇을 세어 쓰고 알게 합니다. | 7분 |
| | 07 몇십몇 알기(2) | | 7분 |
| | 08 50까지의 수의 순서 알기(1) | 50까지 수의 수 배열표에서 1만큼 더 큰 수와 1만큼 더 작은 수를 찾아보게 합니다. | 7분 |
| | 09 50까지의 수의 순서 알기(2) | | 8분 |
| | 10 50까지의 수의 크기 비교(1) | · 50까지 두 수의 크기를 비교하는 방법을 알게 합니다.<br>· 50까지 두 수의 크기를 비교하게 합니다. | 12분 |
| | 11 50까지의 수의 크기 비교(2) | | 12분 |

# 01 1, 2, 3, 4, 5 알기

복습 A

수를 알맞게 센 것에 ○표 하세요.

❶ ♠ ♠ ♠ ♠

1 2 3 4 5

하나, 둘, 셋, 넷으로 4예요.

❷ ♠ ♠

1 2 3 4 5

❸ ♠ ♠ ♠ ♠ ♠

1 2 3 4 5

❹ ♠

1 2 3 4 5

❺ ♠ ♠ ♠

1 2 3 4 5

❻ ♥

1 2 3 4 5

❼ ♥ ♥ ♥ ♥

1 2 3 4 5

❽ ♥ ♥

1 2 3 4 5

❾ ♥ ♥ ♥ ♥ ♥

1 2 3 4 5

❿ ♥ ♥ ♥

1 2 3 4 5

정답 84쪽

| 공부한 날짜 | 맞힌 개수 | 걸린 시간 |
| --- | --- | --- |
| 월 일 | /20 | 분 |

## 수를 세어 두 가지 방법으로 읽어 보세요.

**11** ◆ ◆ ◆ ◆

→ ___ , ___

4는 넷 또는 사라고 읽어요.

**12** ◆ ◆

→ ___ , ___

**13** ◆

→ ___ , ___

**14** ◆ ◆ ◆

→ ___ , ___

**15** ◆ ◆ ◆ ◆ ◆

→ ___ , ___

**16** ♣

→ ___ , ___

**17** ♣ ♣ ♣

→ ___ , ___

**18** ♣ ♣ ♣ ♣

→ ___ , ___

**19** ♣ ♣ ♣ ♣ ♣

→ ___ , ___

**20** ♣ ♣

→ ___ , ___

# 02 6, 7, 8, 9, 0 알기

복습 A

수를 알맞게 센 것에 ○표 하세요.

1

6 7 8 9 0

아무 것도 없으므로 0이에요.

2

6 7 8 9 0

3

6 7 8 9 0

4

6 7 8 9 0

5

6 7 8 9 0

6

6 7 8 9 0

7

6 7 8 9 0

8

6 7 8 9 0

9

6 7 8 9 0

10

6 7 8 9 0

정답 84쪽

| 공부한 날짜 | 맞힌 개수 | 걸린 시간 |
| --- | --- | --- |
| 월 일 | /20 | 분 |

## 수를 세어 읽어 보세요.

11

→ [ ], [ ]

9는 아홉 또는 구라고 읽어요.

12

→ [ ], [ ]

13

→ [ ], [ ]

14

→ [ ]

15

→ [ ], [ ]

16

→ [ ], [ ]

17

→ [ ], [ ]

18

→ [ ]

19

→ [ ], [ ]

20

→ [ ], [ ]

# 03 몇째 알기

복습 A

빈 곳에 알맞은 수나 말을 써넣으세요.

→ 왼쪽 　　　　　　　　　　　　　　　　　　　　오른쪽 ←

❶

| | | | | | | | | |
|---|---|---|---|---|---|---|---|---|
| | 2 | 3 | 4 | 5 | | 7 | | 9 |
| | 둘 | | 넷 | 다섯 | 여섯 | | 여덟 | |
| 첫째 | 둘째 | 셋째 | | | 여섯째 | 일곱째 | 여덟째 | 아홉째 |

└ 왼쪽에서 넷째에요.

❷

| | | | | | | | | |
|---|---|---|---|---|---|---|---|---|
| 1 | | 3 | 4 | 5 | | 7 | 8 | |
| 하나 | | 셋 | 넷 | | | 일곱 | 여덟 | 아홉 |
| | 둘째 | | | 다섯째 | 여섯째 | 일곱째 | | 아홉째 |

❸

| | | | | | | | | |
|---|---|---|---|---|---|---|---|---|
| | 2 | | | 5 | | | 8 | 9 |
| 하나 | 둘 | 셋 | 넷 | | 여섯 | 일곱 | | 아홉 |
| 첫째 | | 셋째 | 넷째 | 다섯째 | 여섯째 | | 여덟째 | |

❹

| | | | | | | | | |
|---|---|---|---|---|---|---|---|---|
| 1 | 2 | | | 5 | | 7 | 8 | 9 |
| | 둘 | 셋 | 넷 | 다섯 | 여섯 | | | 아홉 |
| 첫째 | | 셋째 | 넷째 | | | 일곱째 | 여덟째 | |

❺

| | | | | | | | | |
|---|---|---|---|---|---|---|---|---|
| 1 | | | | | 6 | 7 | | 9 |
| 하나 | | 셋 | 넷 | 다섯 | 여섯 | | 여덟 | |
| | 둘째 | 셋째 | | 다섯째 | | 일곱째 | 여덟째 | 아홉째 |

정답 84쪽

| 공부한 날짜 | 맞힌 개수 | 걸린 시간 |
|---|---|---|
| 월 일 | /11 | 분 |

## 알맞게 색칠하세요.

6

수를 나타내요.

| | | | | | | | | | |
|---|---|---|---|---|---|---|---|---|---|
| 하나 | ☆ | ☆ | ☆ | ☆ | ☆ | ☆ | ☆ | ☆ | ☆ |
| 첫째 | ☆ | ☆ | ☆ | ☆ | ☆ | ☆ | ☆ | ☆ | ☆ |

순서를 나타내요.

7

| | | | | | | | | | |
|---|---|---|---|---|---|---|---|---|---|
| 여덟 | ☆ | ☆ | ☆ | ☆ | ☆ | ☆ | ☆ | ☆ | ☆ |
| 여덟째 | ☆ | ☆ | ☆ | ☆ | ☆ | ☆ | ☆ | ☆ | ☆ |

8

| | | | | | | | | | |
|---|---|---|---|---|---|---|---|---|---|
| 셋 | ☆ | ☆ | ☆ | ☆ | ☆ | ☆ | ☆ | ☆ | ☆ |
| 셋째 | ☆ | ☆ | ☆ | ☆ | ☆ | ☆ | ☆ | ☆ | ☆ |

9

| | | | | | | | | | |
|---|---|---|---|---|---|---|---|---|---|
| 여섯 | ☆ | ☆ | ☆ | ☆ | ☆ | ☆ | ☆ | ☆ | ☆ |
| 여섯째 | ☆ | ☆ | ☆ | ☆ | ☆ | ☆ | ☆ | ☆ | ☆ |

10

| | | | | | | | | | |
|---|---|---|---|---|---|---|---|---|---|
| 넷 | ☆ | ☆ | ☆ | ☆ | ☆ | ☆ | ☆ | ☆ | ☆ |
| 넷째 | ☆ | ☆ | ☆ | ☆ | ☆ | ☆ | ☆ | ☆ | ☆ |

11

| | | | | | | | | | |
|---|---|---|---|---|---|---|---|---|---|
| 아홉 | ☆ | ☆ | ☆ | ☆ | ☆ | ☆ | ☆ | ☆ | ☆ |
| 아홉째 | ☆ | ☆ | ☆ | ☆ | ☆ | ☆ | ☆ | ☆ | ☆ |

# 04 수의 순서 알기

복습 A

순서에 맞게 빈 곳에 알맞은 수를 써넣으세요.

❶ 1 - 2 - ☐ - ☐ - 5

1부터 5까지의 수를 순서대로 쓰면 1, 2, 3, 4, 5예요.

❷ 3 - ☐ - 5 - ☐ - 7

❸ ☐ - ☐ - 7 - 8 - 9

❹ 4 - ☐ - 6 - ☐ - 8

❺ 2 - 3 - ☐ - ☐ - 6

❻ ☐ - ☐ - 3 - 4 - 5

❼ 3 - ☐ - 5 - 6 - ☐

❽ ☐ - 3 - 4 - 5 - ☐

❾ ☐ - 6 - ☐ - 8 - 9

❿ 1 - ☐ - 3 - 4 - ☐

⓫ 5 - ☐ - 7 - ☐ - 9

⓬ 4 - 5 - ☐ - ☐ - 8

정답 84쪽

| 공부한 날짜 | 맞힌 개수 | 걸린 시간 |
| --- | --- | --- |
| 월 일 | /24 | 분 |

순서에 맞게 빈 곳에 알맞은 말을 써넣으세요.

⑬ ☐ - ☐ - 셋 - 넷 - 다섯

하나부터 다섯까지 순서대로 쓰면
하나, 둘, 셋, 넷, 다섯이에요.

⑭ 둘 - ☐ - 넷 - 다섯 - ☐

⑮ ☐ - 다섯 - ☐ - 일곱 - 여덟

⑯ ☐ - 넷 - 다섯 - 여섯 - ☐

⑰ 다섯 - 여섯 - 일곱 - ☐ - ☐

⑱ 하나 - ☐ - 셋 - ☐ - 다섯

⑲ 이 - ☐ - 사 - ☐ - 육

⑳ 사 - 오 - 육 - ☐ - ☐

㉑ ☐ - 육 - ☐ - 팔 - 구

㉒ 이 - 삼 - ☐ - 오 - ☐

㉓ 일 - 이 - ☐ - 사 - ☐

㉔ 오 - ☐ - ☐ - 팔 - 구

# 05 수의 순서 알기

복습 B

순서를 거꾸로 하여 빈 곳에 알맞은 수를 써넣으세요.

❶ ☐ - 5 - ☐ - 3 - 2

❷ 6 - ☐ - ☐ - 3 - 2

❸ ☐ - 7 - 6 - ☐ - 4

❹ 9 - ☐ - 7 - 6 - ☐

❺ 9 - ☐ - ☐ - 6 - 5

❻ 7 - ☐ - 5 - ☐ - 3

❼ ☐ - 8 - 7 - 6 - ☐

❽ ☐ - ☐ - 6 - 5 - 4

❾ 5 - ☐ - 3 - ☐ - 1

❿ 8 - 7 - ☐ - ☐ - 4

⓫ ☐ - 6 - 5 - 4 - ☐

⓬ 6 - 5 - ☐ - ☐ - 2

정답 85쪽

| 공부한 날짜 | 맞힌 개수 | 걸린 시간 |
|---|---|---|
| 월 일 | /24 | 분 |

순서를 거꾸로 하여 빈 곳에 알맞은 말을 써넣으세요.

⑬ ☐ - 일곱 - 여섯 - 다섯 - ☐

⑲ 오 - ☐ - 삼 - ☐ - 일

⑭ ☐ - 넷 - ☐ - 둘 - 하나

⑳ ☐ - ☐ - 삼 - 이 - 일

⑮ 여섯 - ☐ - ☐ - 셋 - 둘

㉑ 칠 - 육 - 오 - 사 - ☐

⑯ 아홉 - ☐ - 일곱 - ☐ - 다섯

㉒ 구 - 팔 - ☐ - ☐ - 오

⑰ ☐ - 여섯 - 다섯 - ☐ - 셋

㉓ ☐ - 오 - ☐ - 삼 - 이

⑱ 다섯 - ☐ - ☐ - ☐ - 하나

㉔ 팔 - 칠 - ☐ - 오 - ☐

# 06 1 큰 수와 1 작은 수

복습 A

그림의 수를 쓰고, 1만큼 더 작은 수와 1만큼 더 큰 수를 각각 써넣으세요.

**1**

 □

7 바로 앞의 수예요.

- 1만큼 더 작은 수: □
- 1만큼 더 큰 수: □

7 바로 뒤의 수예요.

**2**

 □

- 1만큼 더 작은 수: □
- 1만큼 더 큰 수: □

**3**

 □

- 1만큼 더 작은 수: □
- 1만큼 더 큰 수: □

**4**

 □

- 1만큼 더 작은 수: □
- 1만큼 더 큰 수: □

**5**

 □

- 1만큼 더 작은 수: □
- 1만큼 더 큰 수: □

**6**

 □

- 1만큼 더 작은 수: □
- 1만큼 더 큰 수: □

**7**

 □

- 1만큼 더 작은 수: □
- 1만큼 더 큰 수: □

**8**

 □

- 1만큼 더 작은 수: □
- 1만큼 더 큰 수: □

정답 85쪽

| 공부한 날짜 | 맞힌 개수 | 걸린 시간 |
| --- | --- | --- |
| 월 일 | /18 | 분 |

주어진 수보다 **1**만큼 더 작은 수와 **1**만큼 더 큰 수를 각각 써넣으세요.

**9** 8

8 바로 앞의 수는 7이에요.

- 1만큼 더 작은 수: □
- 1만큼 더 큰 수: □

8 바로 뒤의 수는 9예요.

**10** 6

- 1만큼 더 작은 수: □
- 1만큼 더 큰 수: □

**11** 8

- 1만큼 더 작은 수: □
- 1만큼 더 큰 수: □

**12** 4

- 1만큼 더 작은 수: □
- 1만큼 더 큰 수: □

**13** 5

- 1만큼 더 작은 수: □
- 1만큼 더 큰 수: □

**14** 4

- 1만큼 더 작은 수: □
- 1만큼 더 큰 수: □

**15** 5

- 1만큼 더 작은 수: □
- 1만큼 더 큰 수: □

**16** 2

- 1만큼 더 작은 수: □
- 1만큼 더 큰 수: □

**17** 7

- 1만큼 더 작은 수: □
- 1만큼 더 큰 수: □

**18** 3

- 1만큼 더 작은 수: □
- 1만큼 더 큰 수: □

# 07 1 큰 수와 1 작은 수

복습 B

빈 곳에 알맞은 수를 써넣으세요.

❶ 1 작은 수 / 1큰 수

| 1 작은 수 | | 1큰 수 |
|---|---|---|
| | 5 | |

└5 바로 앞의 수 └5 바로 뒤의 수

❷

| 1 작은 수 | | 1큰 수 |
|---|---|---|
| | 7 | |

❸

| 1 작은 수 | | 1큰 수 |
|---|---|---|
| | 3 | |

❹

| 1 작은 수 | | 1큰 수 |
|---|---|---|
| | 7 | |

❺

| 1 작은 수 | | 1큰 수 |
|---|---|---|
| | 8 | |

❻

| 1 작은 수 | | 1큰 수 |
|---|---|---|
| | 2 | |

❼

| 1 작은 수 | | 1큰 수 |
|---|---|---|
| | 6 | |

❽

| 1 작은 수 | | 1큰 수 |
|---|---|---|
| | 4 | |

❾

| 1 작은 수 | | 1큰 수 |
|---|---|---|
| | 8 | |

❿

| 1 작은 수 | | 1큰 수 |
|---|---|---|
| | 6 | |

⓫

| 1 작은 수 | | 1큰 수 |
|---|---|---|
| | 4 | |

⓬

| 1 작은 수 | | 1큰 수 |
|---|---|---|
| | 2 | |

⓭

| 1 작은 수 | | 1큰 수 |
|---|---|---|
| | 5 | |

⓮

| 1 작은 수 | | 1큰 수 |
|---|---|---|
| | 3 | |

정답 85쪽

| 공부한 날짜 | 맞힌 개수 | 걸린 시간 |
|---|---|---|
| 월 일 | /28 | 분 |

빈 곳에 알맞은 수를 써넣으세요.

⑮ 4 —(1 큰 수)— □ —(1 큰 수)— □

⑯ 1 —(1 큰 수)— □ —(1 큰 수)— □

⑰ 2 —(1 큰 수)— □ —(1 큰 수)— □

⑱ 5 —(1 큰 수)— □ —(1 큰 수)— □

⑲ 7 —(1 큰 수)— □ —(1 큰 수)— □

⑳ 3 —(1 큰 수)— □ —(1 큰 수)— □

㉑ 6 —(1 큰 수)— □ —(1 큰 수)— □

㉒ 3 —(1 큰 수)— □ —(1 큰 수)— □

㉓ 6 —(1 큰 수)— □ —(1 큰 수)— □

㉔ 7 —(1 큰 수)— □ —(1 큰 수)— □

㉕ 1 —(1 큰 수)— □ —(1 큰 수)— □

㉖ 2 —(1 큰 수)— □ —(1 큰 수)— □

㉗ 4 —(1 큰 수)— □ —(1 큰 수)— □

㉘ 5 —(1 큰 수)— □ —(1 큰 수)— □

# 08 수의 크기 비교하기

복습 A

알맞은 말에 ○표 하세요.

❶
♣♣♣♣♣♣
♦♦

♣은 ♦보다 ( 많습니다 , 적습니다 ).

❷
♣♣♣♣♣
♦♦♦♦♦♦♦

♣은 ♦보다 ( 많습니다 , 적습니다 ).

❸
♣♣
♦♦♦

♣은 ♦보다 ( 많습니다 , 적습니다 ).

❹
♣♣♣
♦♦♦♦♦♦♦

♣은 ♦보다 ( 많습니다 , 적습니다 ).

❺
♣♣♣♣♣
♦♦♦♦♦♦♦♦

♣은 ♦보다 ( 많습니다 , 적습니다 ).

❻
♣♣♣♣♣♣
♦♦♦♦♦♦♦♦

♣은 ♦보다 ( 많습니다 , 적습니다 ).

❼
♣♣♣
♦♦♦♦♦♦♦

♣은 ♦보다 ( 많습니다 , 적습니다 ).

❽
♣♣♣♣♣♣♣♣
♦♦♦♦♦

♣은 ♦보다 ( 많습니다 , 적습니다 ).

❾
♣
♦♦♦♦♦♦

♣은 ♦보다 ( 많습니다 , 적습니다 ).

❿
♣♣♣♣
♦

♣은 ♦보다 ( 많습니다 , 적습니다 ).

정답 85쪽

| 공부한 날짜 | 맞힌 개수 | 걸린 시간 |
|---|---|---|
| 월 일 | /20 | 분 |

## 더 많은 쪽에 ○표 하세요.

⑪

| | |
|---|---|
| ♦♦♦♦♦<br>♦♦♦ | ♣♣♣ |
| | |

⑫

| | |
|---|---|
| ♦♦ | ♣♣♣♣♣<br>♣♣ |
| | |

⑬

| | |
|---|---|
| ♦♦♦♦♦ | ♣♣♣♣♣<br>♣♣♣♣ |
| | |

⑭

| | |
|---|---|
| ♦♦♦ | ♣♣♣♣♣<br>♣ |
| | |

⑮

| | |
|---|---|
| ♦♦♦♦♦<br>♦♦ | ♣♣♣♣♣ |
| | |

⑯

| | |
|---|---|
| ♦♦♦♦♦ | ♣♣♣♣♣<br>♣♣ |
| | |

## 더 적은 쪽에 △표 하세요.

⑰

| | |
|---|---|
| ♦♦♦♦♦<br>♦ | ♣♣ |
| | |

⑱

| | |
|---|---|
| ♦♦♦♦♦ | ♣♣♣♣ |
| | |

⑲

| | |
|---|---|
| ♦ | ♣♣♣♣♣ |
| | |

⑳

| | |
|---|---|
| ♦♦♦♦♦<br>♦♦♦♦ | ♣♣♣♣♣<br>♣♣♣ |
| | |

# 09 수의 크기 비교하기

복습 B

더 큰 수에 ○표 하세요.

❶ 5 | 4

❷ 1 | 3

❸ 6 | 2

❹ 8 | 6

❺ 5 | 8

❻ 7 | 8

❼ 1 | 2

❽ 3 | 9

❾ 2 | 5

❿ 6 | 5

⓫ 8 | 9

⓬ 1 | 6

더 작은 수에 △표 하세요.

⓭ 5 | 3

⓮ 2 | 3

⓯ 4 | 3

⓰ 5 | 9

⓱ 2 | 7

⓲ 6 | 3

⓳ 2 | 6

⓴ 9 | 2

㉑ 9 | 4

㉒ 1 | 5

㉓ 5 | 1

㉔ 3 | 6

정답 86쪽

| 공부한 날짜 | 맞힌 개수 | 걸린 시간 |
|---|---|---|
| 월 일 | /40 | 분 |

왼쪽의 수보다 큰 수를 모두 찾아 ○표 하세요.

㉕ | 4 | 9 1 5 3 |

수를 순서대로 썼을 때 4보다 큰 수는 4 뒤에 있는 5, 9예요.

㉖ | 1 | 3 2 0 1 |

㉗ | 6 | 2 8 4 7 |

㉘ | 7 | 5 8 7 9 |

㉙ | 5 | 4 6 7 1 |

㉚ | 3 | 2 3 5 7 |

㉛ | 2 | 4 1 0 9 |

㉜ | 8 | 9 1 5 3 |

왼쪽의 수보다 작은 수를 모두 찾아 △표 하세요.

㉝ | 3 | 2 5 9 0 |

㉞ | 7 | 9 6 4 8 |

㉟ | 6 | 2 7 4 8 |

㊱ | 9 | 5 9 8 6 |

㊲ | 5 | 3 2 8 6 |

㊳ | 2 | 6 9 2 1 |

㊴ | 4 | 1 2 7 5 |

㊵ | 8 | 2 9 8 4 |

# 01 9까지의 두 수를 모으기

복습 A

빈 곳에 알맞은 수만큼 ○를 그려 보세요.

1
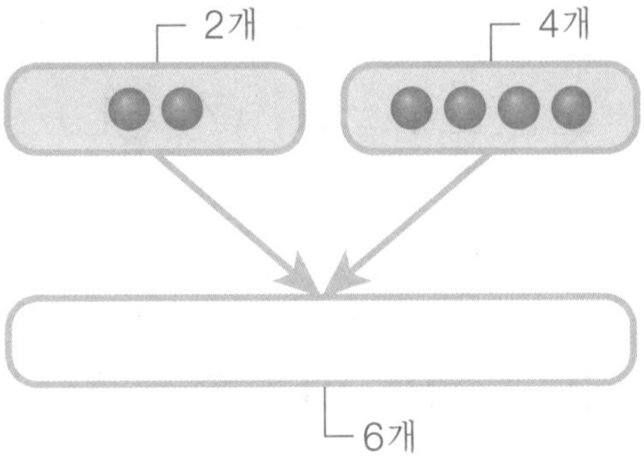


2
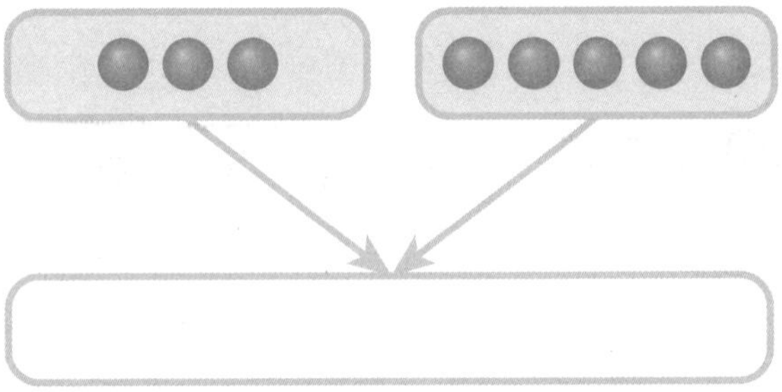

3
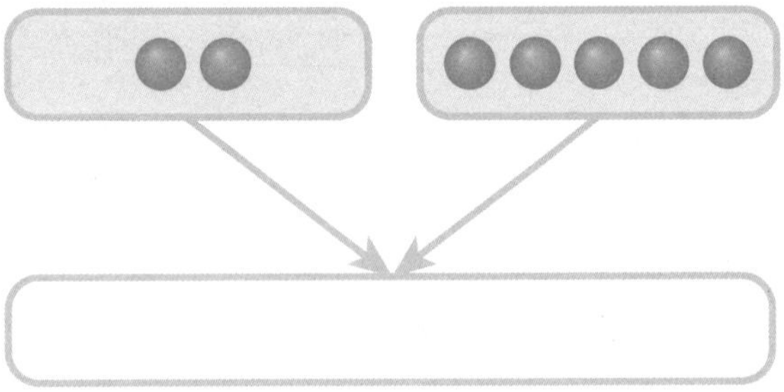

4
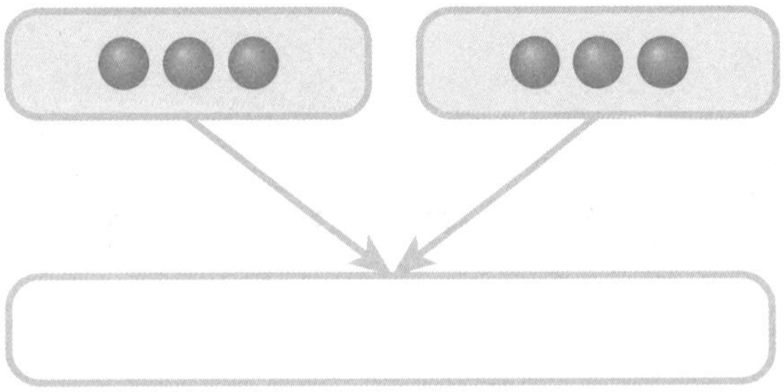

5
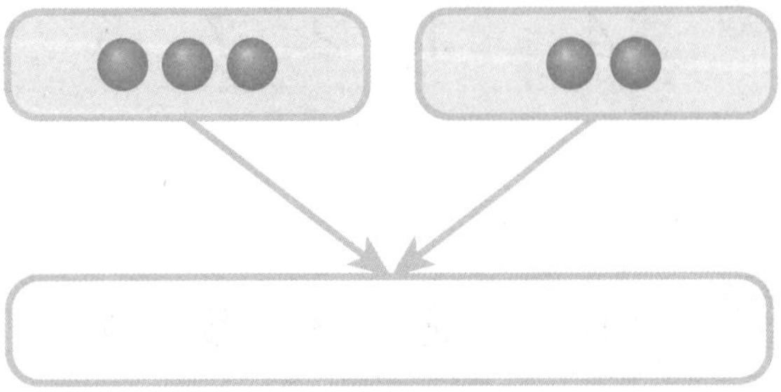

6
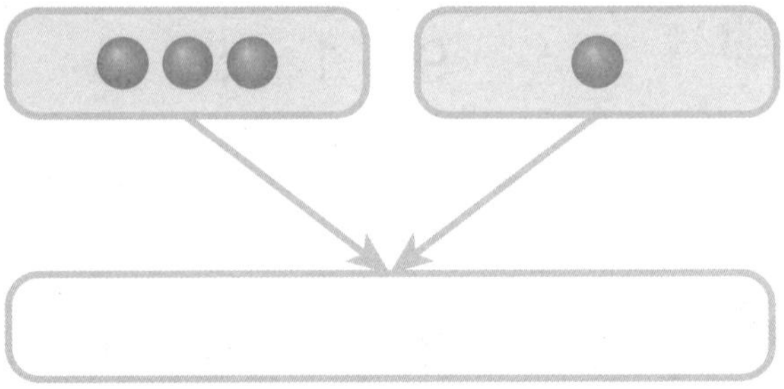

7
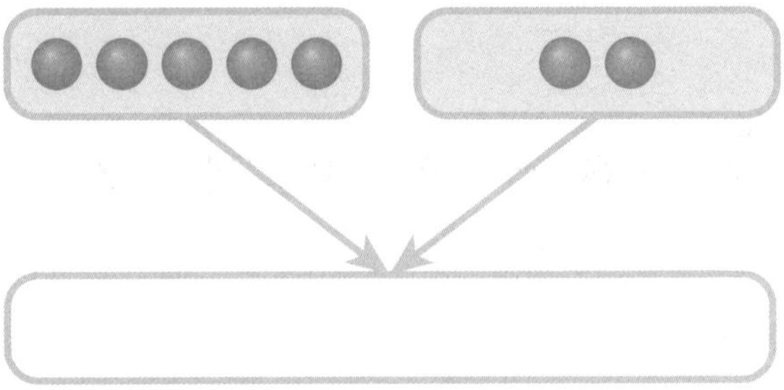

8
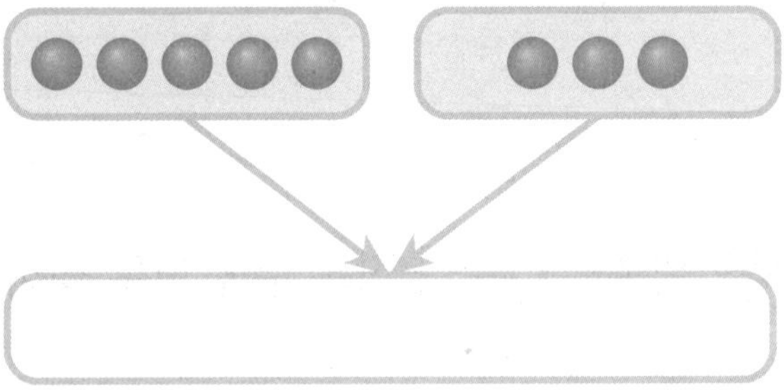

9
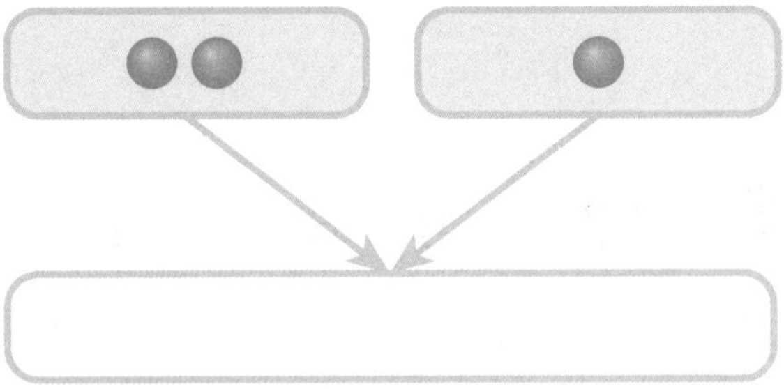

10
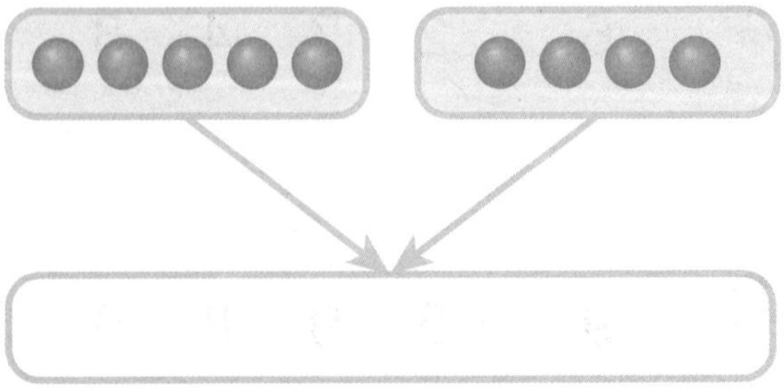

정답 87쪽

| 공부한 날짜 | 맞힌 개수 | 걸린 시간 |
| --- | --- | --- |
| 월 일 | /20 | 분 |

### 빈 곳에 알맞은 수만큼 ○를 그려 보세요.

11
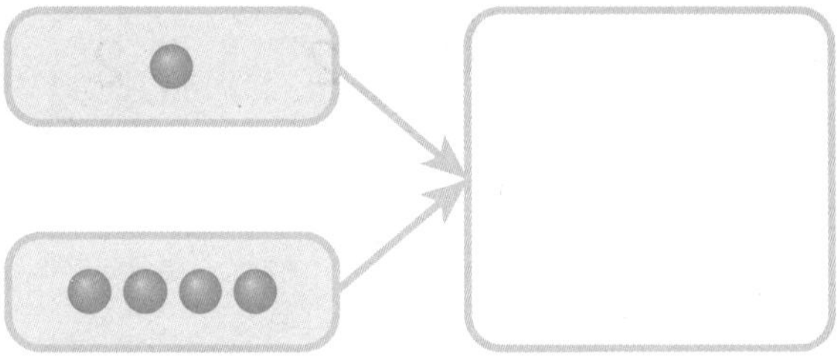

1개와 4개를 모으기 하면 5개가 돼요.

12
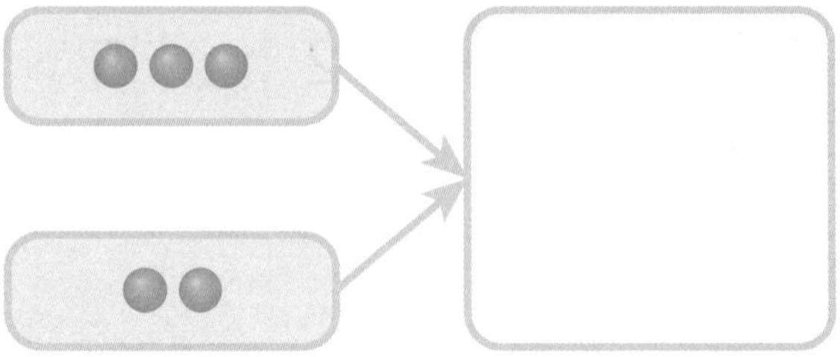

13
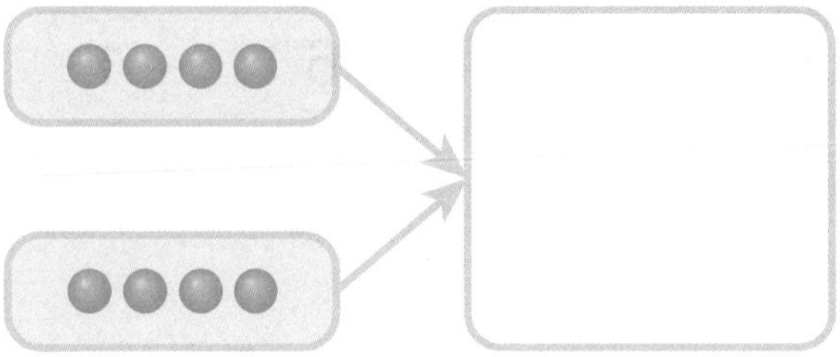

14
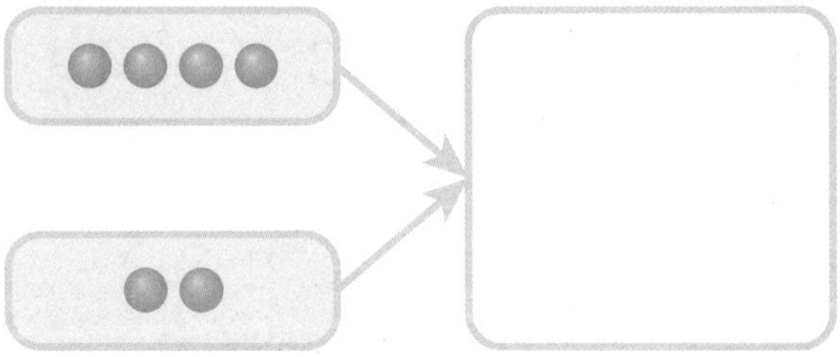

15
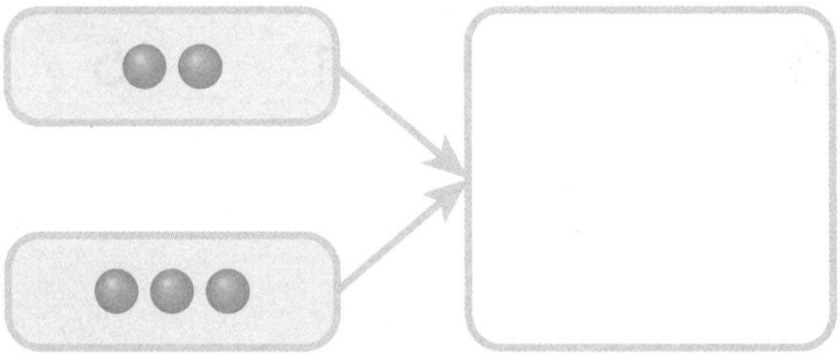

16
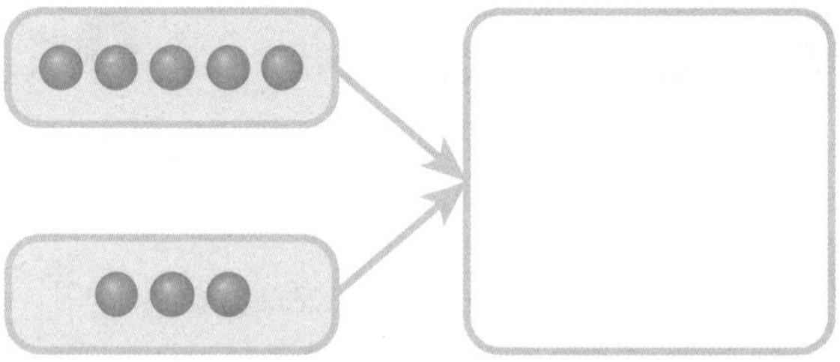

17
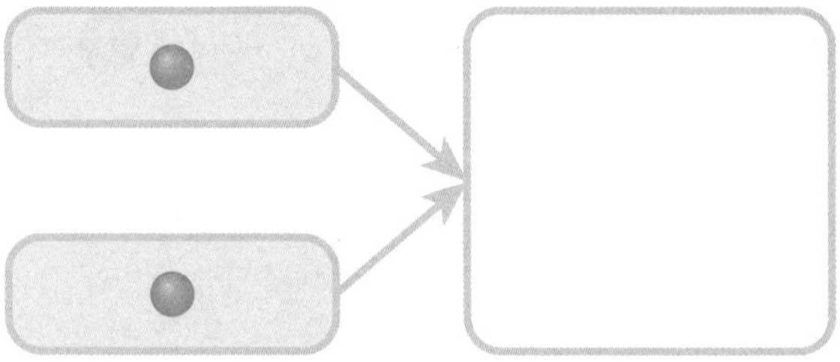

18
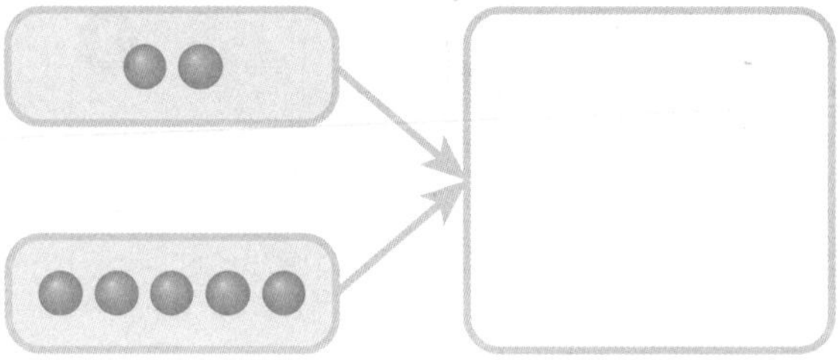

19
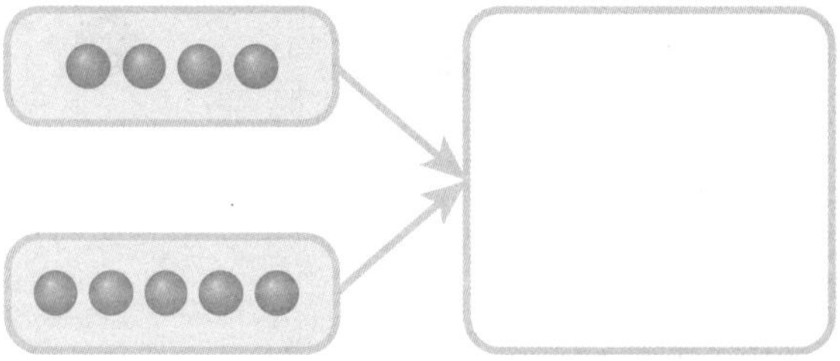

20
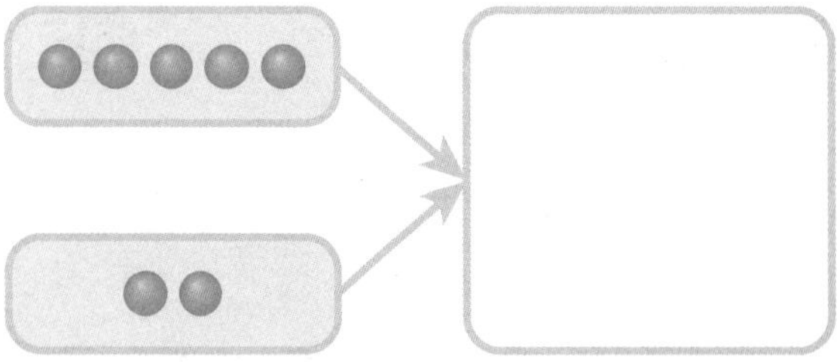

# 02 9까지의 두 수를 모으기

복습 B

빈 곳에 알맞은 수를 써넣으세요.

❶ 4, 3 → □ — 4와 3을 모으기 하면 7이 돼요.

❷ 1, 1 → □

❸ 5, 4 → □

❹ 1, 4 → □

❺ 6, 2 → □

❻ 3, 5 → □

❼ 4, 4 → □

❽ 1, 8 → □

❾ 1, 3 → □

❿ 2, 3 → □

⓫ 2, 2 → □

⓬ 2, 5 → □

⓭ 6, 1 → □

⓮ 3, 4 → □

⓯ 1, 5 → □

정답 87쪽

| 공부한 날짜 | 맞힌 개수 | 걸린 시간 |
|---|---|---|
| 월 일 | /30 | 분 |

빈 곳에 알맞은 수를 써넣으세요.

16. 3, 2 → □

17. 2, 5 → □

18. 3, 3 → □

19. 1, 3 → □

20. 1, 1 → □

21. 5, 3 → □

22. 1, 4 → □

23. 4, 5 → □

24. 5, 2 → □

25. 6, 2 → □

26. 2, 1 → □

27. 2, 6 → □

28. 1, 7 → □

29. 2, 3 → □

30. 4, 1 → □

# 03 9까지의 세 수를 모으기

복습 A

빈 곳에 알맞은 수만큼 ○를 그려 보세요.

❶ 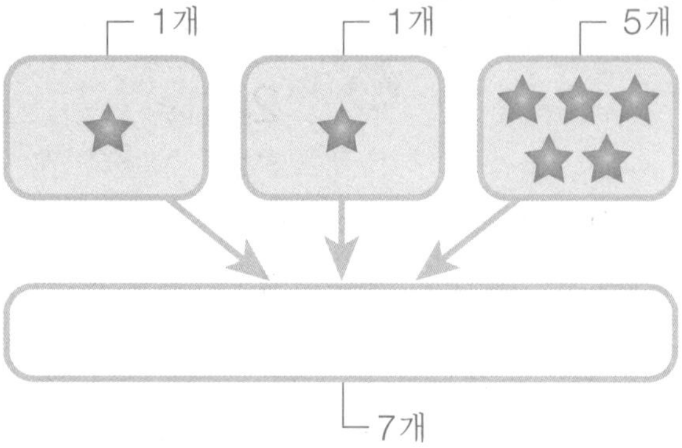


❷ 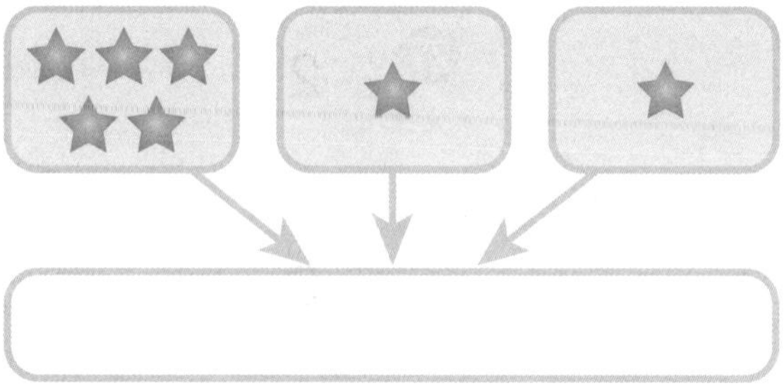

❸ 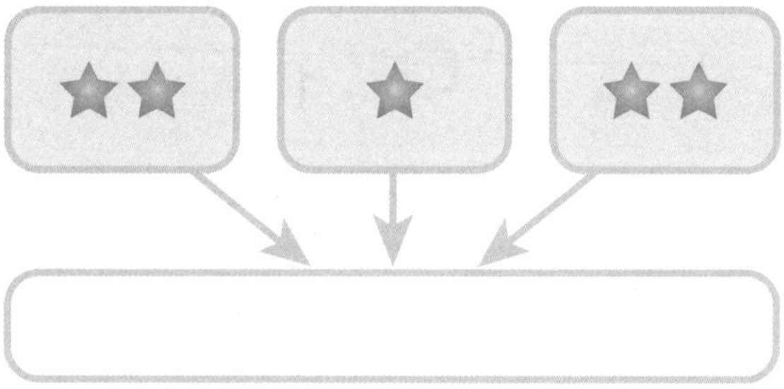

❹ 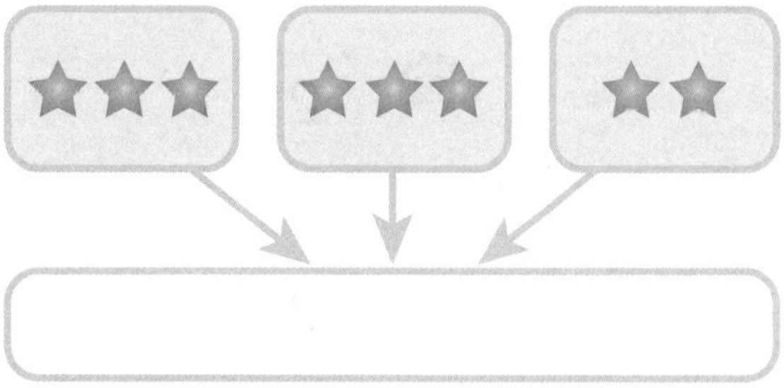

❺ 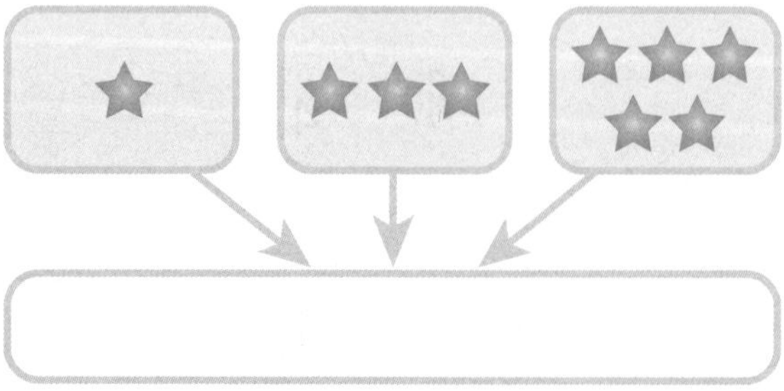

❻ 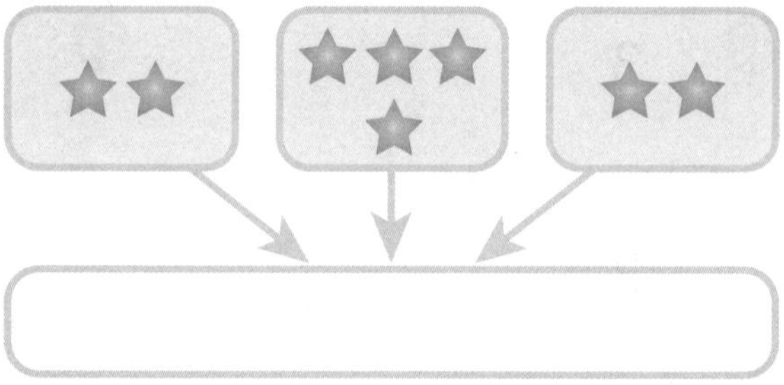

❼ 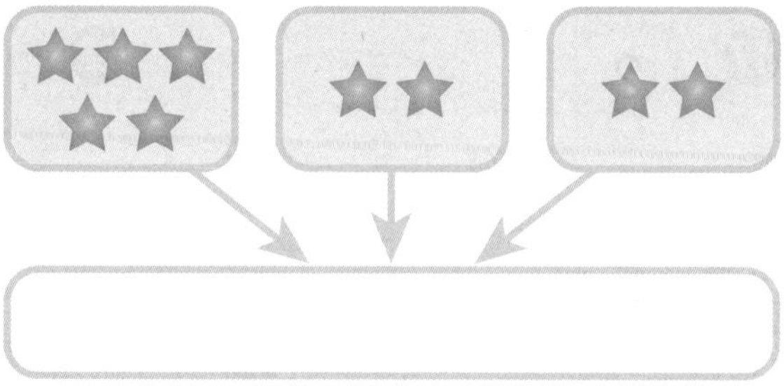

❽ 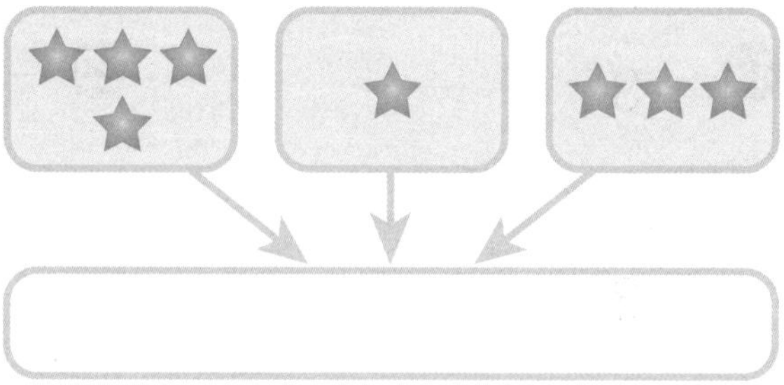

❾ 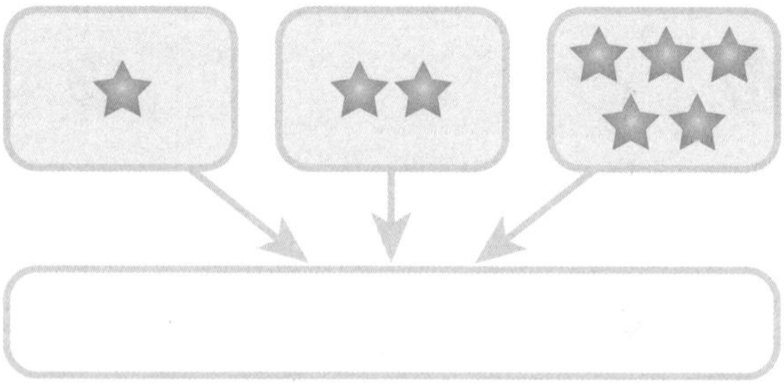

❿ 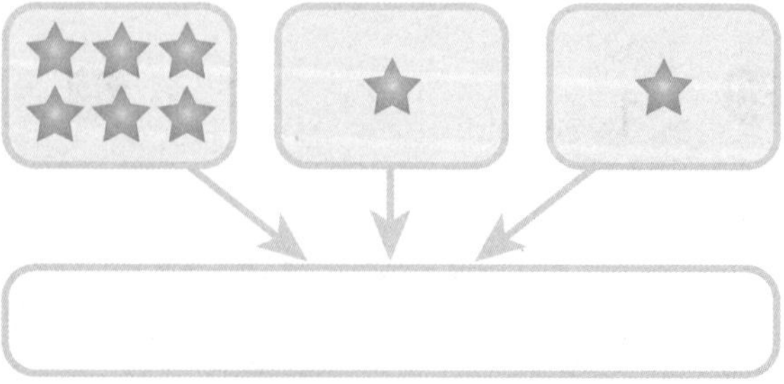

정답 87쪽

| 공부한 날짜 | 맞힌 개수 | 걸린 시간 |
| --- | --- | --- |
| 월 일 | /20 | 분 |

## 빈 곳에 알맞은 수만큼 ○를 그려 보세요.

11
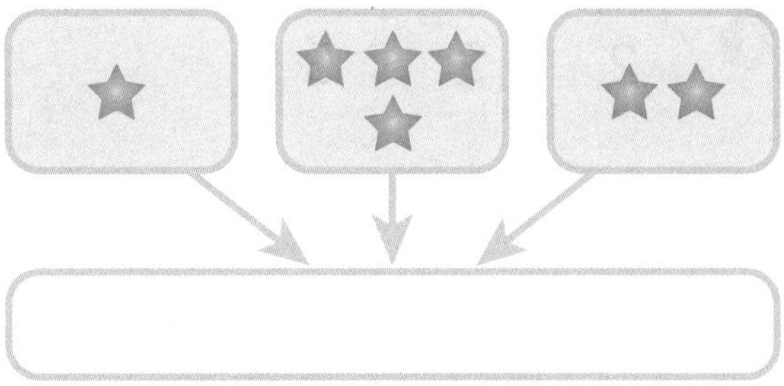

1개, 4개, 2개를 모으기 하면 7개가 돼요.

12
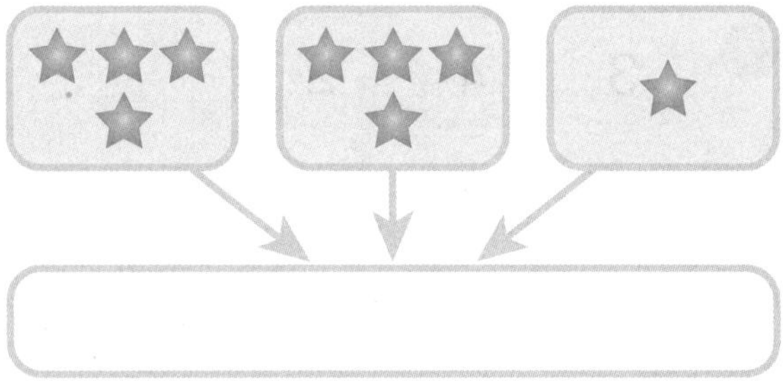

13
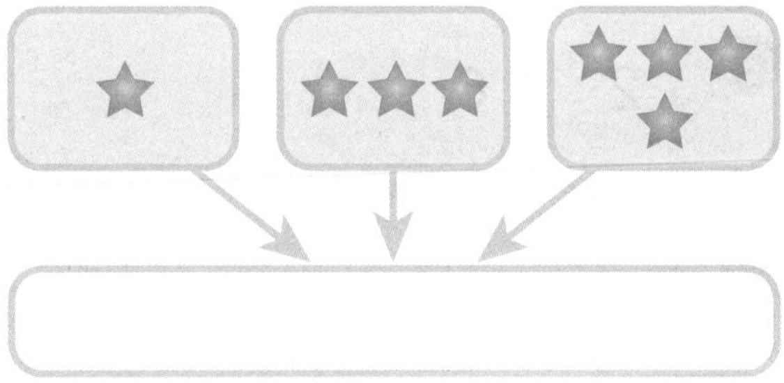

14
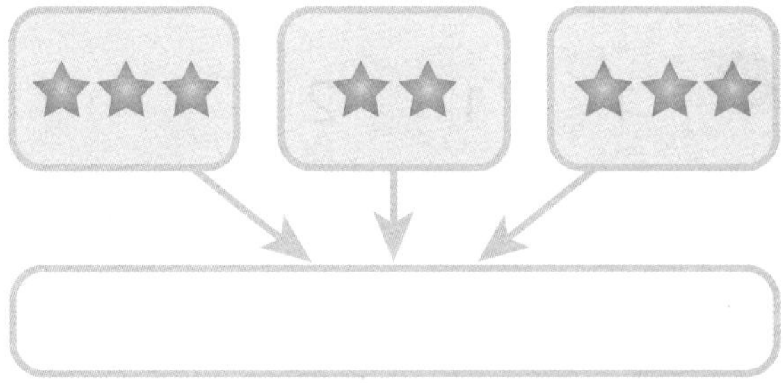

15
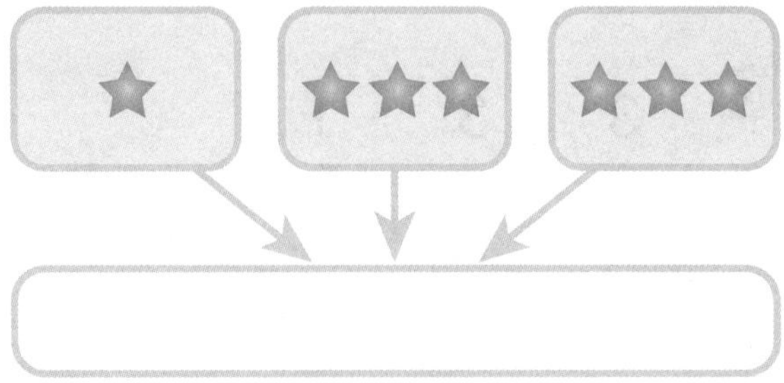

16
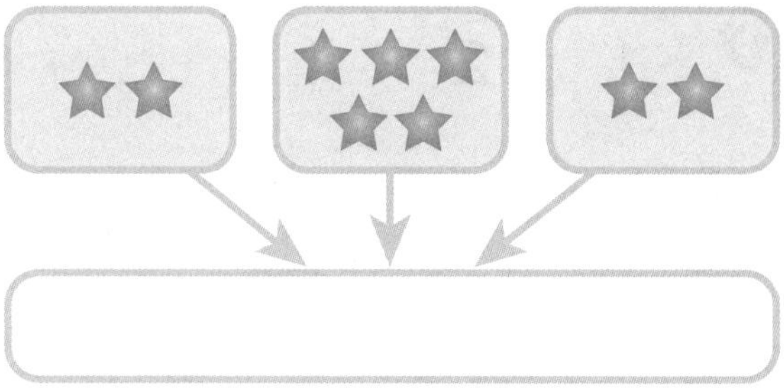

17
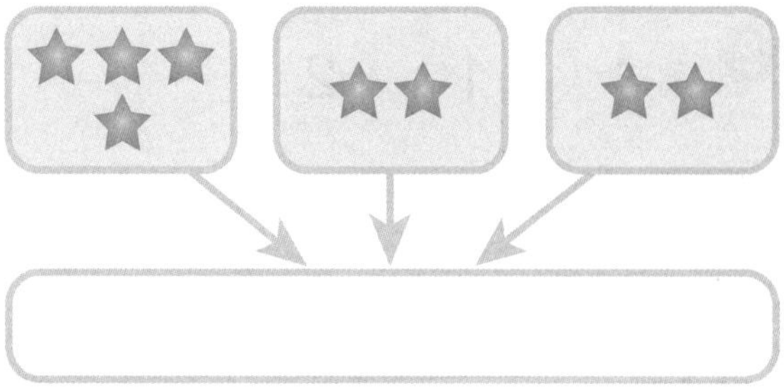

18
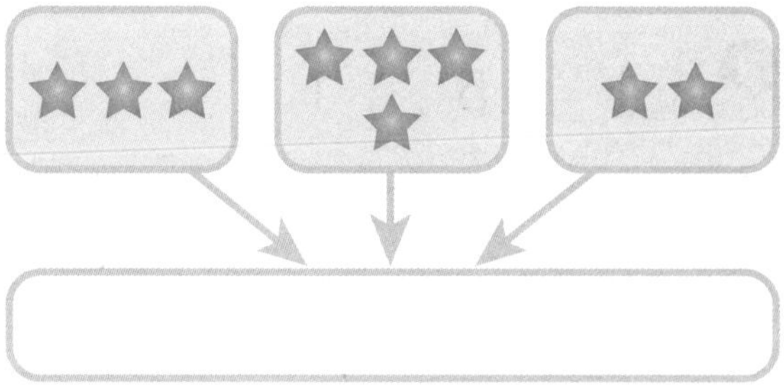

19
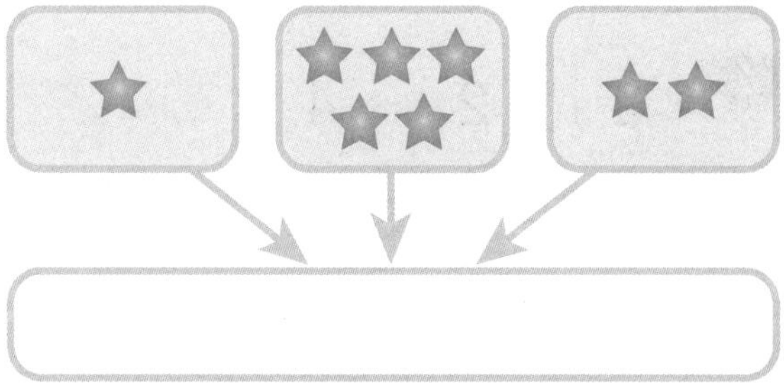

20
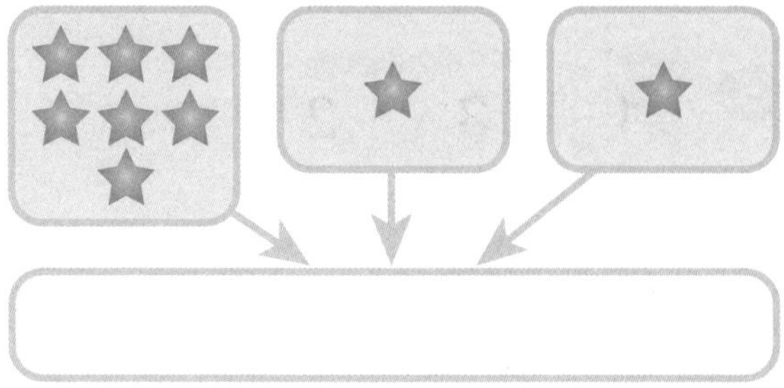

# 04 9까지의 세 수를 모으기

복습 B

빈 곳에 알맞은 수를 써넣으세요.

❶ 1 2 4 → □ — 1, 2, 4를 모으기 하면 7이 돼요.

❷ 4 1 2 → □

❸ 1 5 1 → □

❹ 2 2 4 → □

❺ 1 3 2 → □

❻ 2 2 5 → □

❼ 3 4 2 → □

❽ 2 6 1 → □

❾ 1 1 2 → □

❿ 3 3 1 → □

정답 87쪽

| 공부한 날짜 | 맞힌 개수 | 걸린 시간 |
| --- | --- | --- |
| 월 일 | /22 | 분 |

빈 곳에 알맞은 수를 써넣으세요.

⑪ 4, 1, 1 → □

⑫ 2, 2, 3 → □

⑬ 2, 3, 3 → □

⑭ 5, 2, 2 → □

⑮ 2, 5, 1 → □

⑯ 2, 2, 1 → □

⑰ 2, 4, 1 → □

⑱ 1, 2, 6 → □

⑲ 1, 1, 7 → □

⑳ 3, 1, 1 → □

㉑ 1, 4, 1 → □

㉒ 5, 1, 1 → □

# 05 합이 9까지인 두 수 덧셈하기 복습 A

덧셈식을 쓰고, 읽어 보세요.

❶

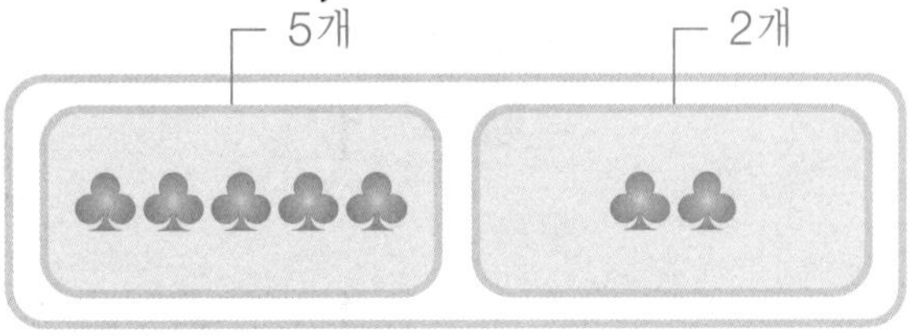


- 쓰기 ____________
- 읽기 ____________

❷

- 쓰기 ____________
- 읽기 ____________

❸

- 쓰기 ____________
- 읽기 ____________

❹

- 쓰기 ____________
- 읽기 ____________

❺

- 쓰기 ____________
- 읽기 ____________

❻

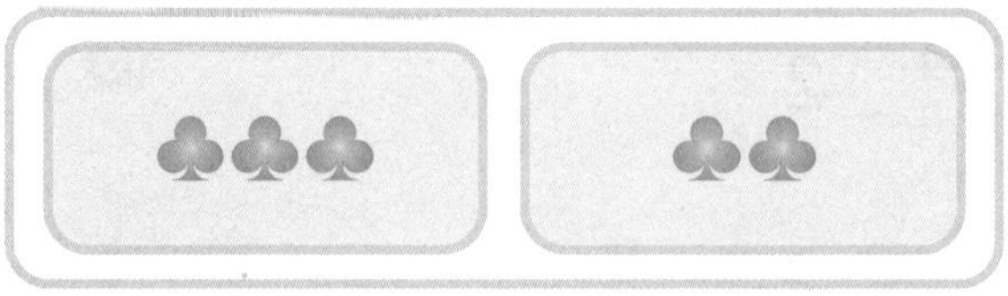

- 쓰기 ____________
- 읽기 ____________

❼

- 쓰기 ____________
- 읽기 ____________

❽

- 쓰기 ____________
- 읽기 ____________

정답 88쪽

| 공부한 날짜 | 맞힌 개수 | 걸린 시간 |
|---|---|---|
| 월 일 | /16 | 분 |

## 덧셈식을 쓰고, 읽어 보세요.

**9**

| | |
|---|---|
| ♣♣♣♣♣ | ♣♣♣♣ |

• 쓰기 ____________

• 읽기 ______________________

**10**

| | |
|---|---|
| ♣♣ | ♣♣♣♣♣ ♣ |

• 쓰기 ____________

• 읽기 ______________________

**11**

| | |
|---|---|
| ♣♣ | ♣♣ |

• 쓰기 ____________

• 읽기 ______________________

**12**

| | |
|---|---|
| ♣♣♣♣♣ | ♣ |

• 쓰기 ____________

• 읽기 ______________________

**13**

| | |
|---|---|
| ♣♣♣♣♣ ♣ | ♣♣♣ |

• 쓰기 ____________

• 읽기 ______________________

**14**

| | |
|---|---|
| ♣♣♣♣♣ ♣ | ♣ |

• 쓰기 ____________

• 읽기 ______________________

**15**

| | |
|---|---|
| ♣ | ♣♣♣ |

• 쓰기 ____________

• 읽기 ______________________

**16**

| | |
|---|---|
| ♣♣♣ | ♣♣♣♣♣ |

• 쓰기 ____________

• 읽기 ______________________

# 06 합이 9까지인 두 수 덧셈하기 복습 B

□ 안에 알맞은 수를 써넣으세요.

❶

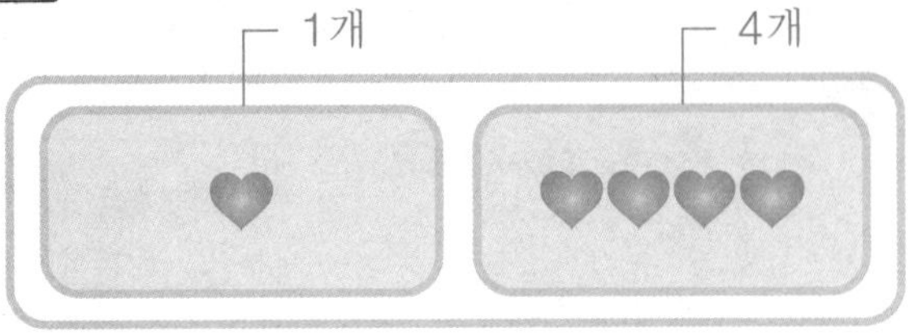


1 + □ = □

❷

8 + □ = □

❸

0 + □ = □

❹

5 + □ = □

❺

3 + □ = □

❻

1 + □ = □

❼

3 + □ = □

❽

3 + □ = □

❾

4 + □ = □

❿

2 + □ = □

정답 88쪽

| 공부한 날짜 | 맞힌 개수 | 걸린 시간 |
| --- | --- | --- |
| 월 일 | /28 | 분 |

덧셈을 하세요.

⑪ $4+2=\square$

⑫ $6+3=\square$

⑬ $4+3=\square$

⑭ $1+1=\square$

⑮ $3+6=\square$

⑯ $2+5=\square$

⑰ $0+1=\square$

⑱ $7+1=\square$

⑲ $1+5=\square$

⑳ $2+6=\square$

㉑ $8+1=\square$

㉒ $6+0=\square$

㉓ $2+7=\square$

㉔ $2+1=\square$

㉕ $3+2=\square$

㉖ $4+5=\square$

㉗ $2+4=\square$

㉘ $5+2=\square$

# 07 합이 9까지인 세 수 덧셈하기 복습 A

덧셈식을 쓰고, 읽어 보세요.

❶

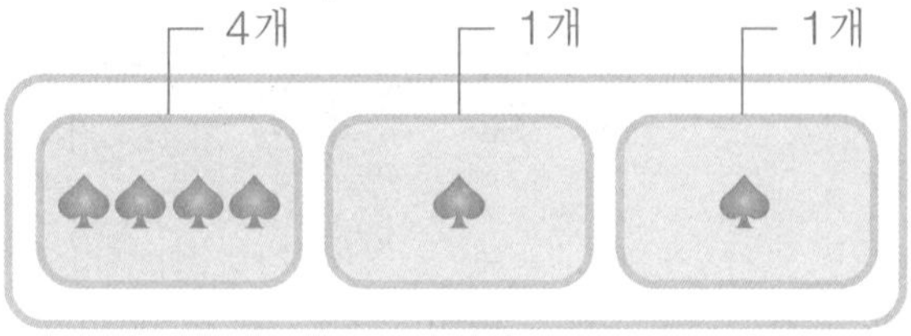


- 쓰기 ____________
- 읽기 ____________

❷

- 쓰기 ____________
- 읽기 ____________

❸

- 쓰기 ____________
- 읽기 ____________

❹

- 쓰기 ____________
- 읽기 ____________

❺

- 쓰기 ____________
- 읽기 ____________

❻

- 쓰기 ____________
- 읽기 ____________

❼

- 쓰기 ____________
- 읽기 ____________

❽

- 쓰기 ____________
- 읽기 ____________

정답 88쪽

| 공부한 날짜 | 맞힌 개수 | 걸린 시간 |
|---|---|---|
| 월 일 | /16 | 분 |

## 덧셈식을 쓰고, 읽어 보세요.

**9**

- 쓰기 ____________
- 읽기 ____________________

**10**

- 쓰기 ____________
- 읽기 ____________________

**11**

- 쓰기 ____________
- 읽기 ____________________

**12**

- 쓰기 ____________
- 읽기 ____________________

**13**

- 쓰기 ____________
- 읽기 ____________________

**14**

- 쓰기 ____________
- 읽기 ____________________

**15**

- 쓰기 ____________
- 읽기 ____________________

**16**

- 쓰기 ____________
- 읽기 ____________________

# 08 합이 9까지인 세 수 덧셈하기 복습 B

□ 안에 알맞은 수를 써넣으세요.

1

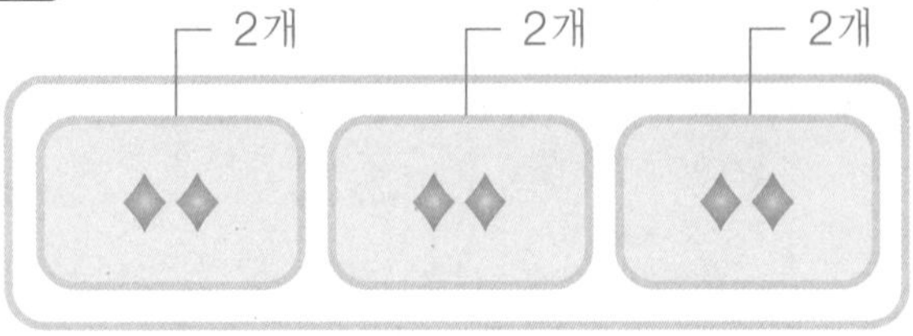


$2+\square+\square=\square$

2

$5+\square+\square=\square$

3

$2+\square+\square=\square$

4

$4+\square+\square=\square$

5

$3+\square+\square=\square$

6

$2+\square+\square=\square$

7

$2+\square+\square=\square$

8

$3+\square+\square=\square$

9

$3+\square+\square=\square$

10

$3+\square+\square=\square$

정답 89쪽

| 공부한 날짜 | 맞힌 개수 | 걸린 시간 |
| --- | --- | --- |
| 월 일 | /28 | 분 |

덧셈을 하세요.

⑪ $2+1+0=\square$

⑰ $0+3+2=\square$

㉓ $3+5+1=\square$

⑫ $3+2+2=\square$

⑱ $2+3+2=\square$

㉔ $2+1+5=\square$

⑬ $3+4+2=\square$

⑲ $2+4+1=\square$

㉕ $2+2+3=\square$

⑭ $2+3+1=\square$

⑳ $3+2+1=\square$

㉖ $2+3+3=\square$

⑮ $2+2+4=\square$

㉑ $3+0+4=\square$

㉗ $2+4+3=\square$

⑯ $1+5+2=\square$

㉒ $2+2+2=\square$

㉘ $0+1+1=\square$

# 01 9까지의 두 수로 가르기

복습 A

빈 곳에 알맞은 수만큼 ○를 그려 보세요.

1 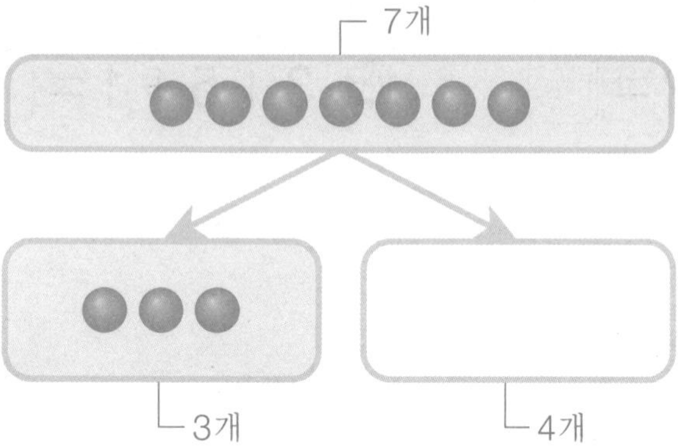


2 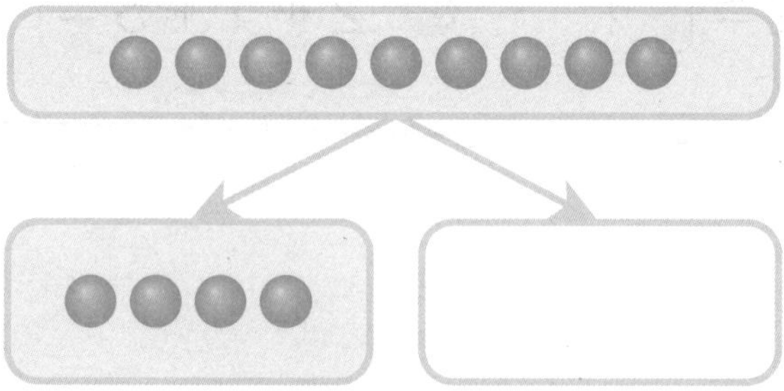

3 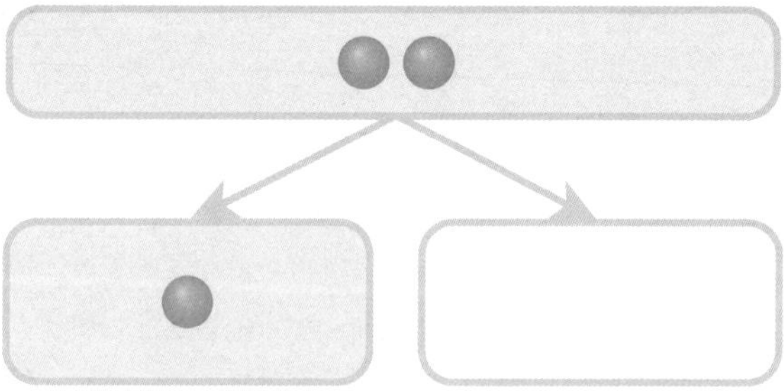

4 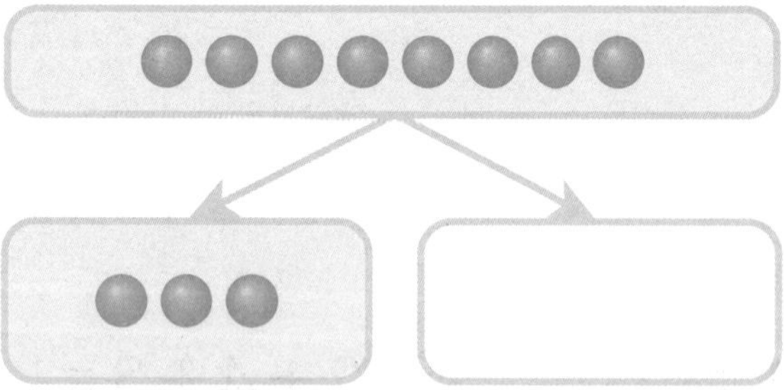

5 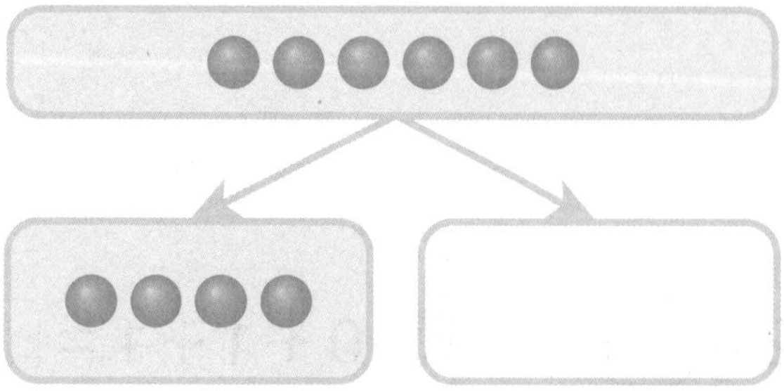

6 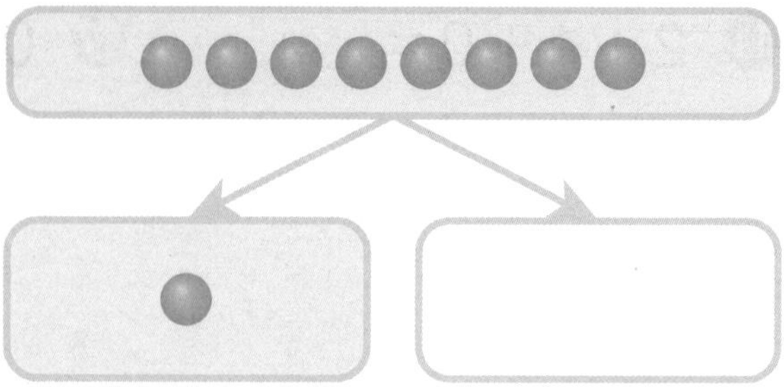

7 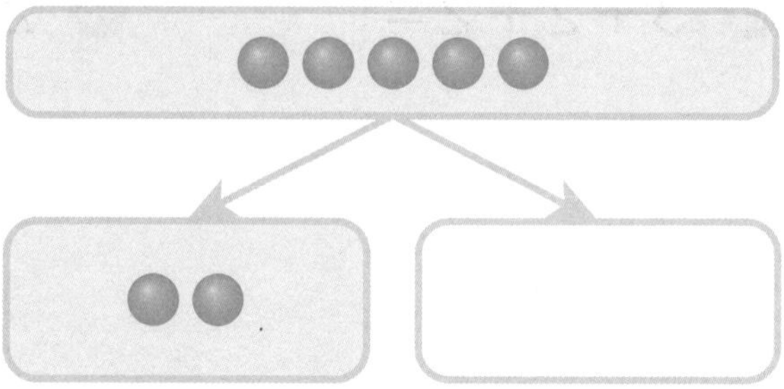

8 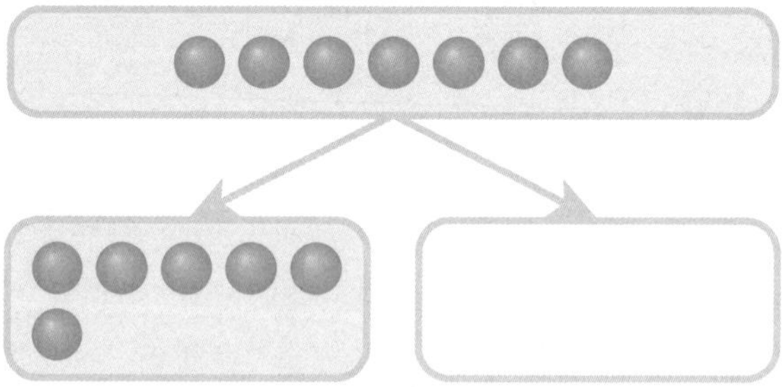

9 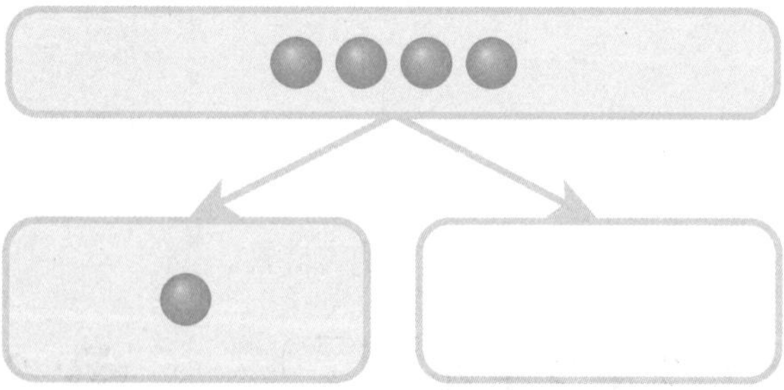

10 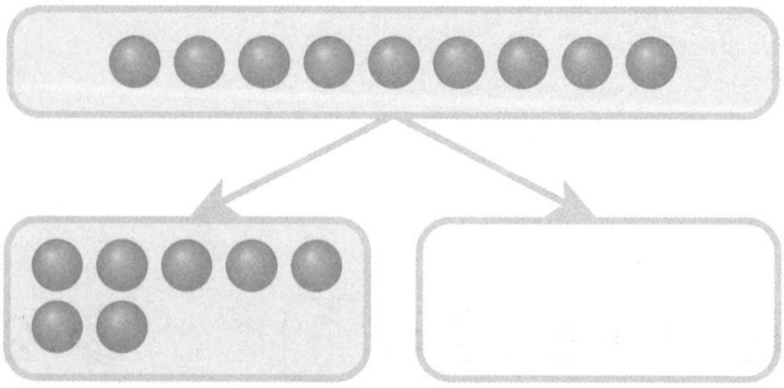

정답 90쪽

| 공부한 날짜 | 맞힌 개수 | 걸린 시간 |
|---|---|---|
| 월 일 | /18 | 분 |

## 빈 곳에 알맞은 수만큼 ○를 그려 보세요.

⓫

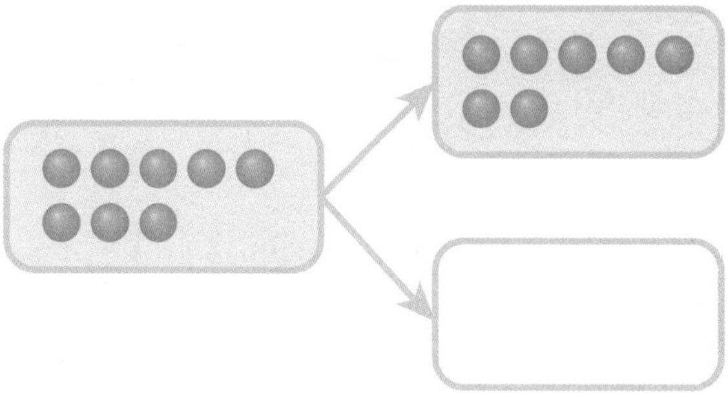

8개는 7개와 1개로 가르기 할 수 있어요.

⓬

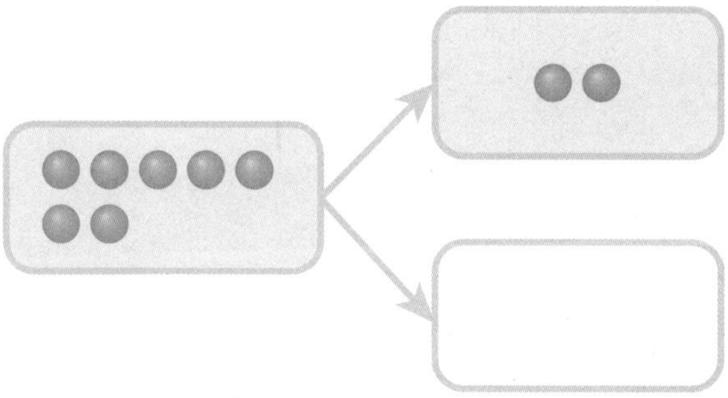

⓭

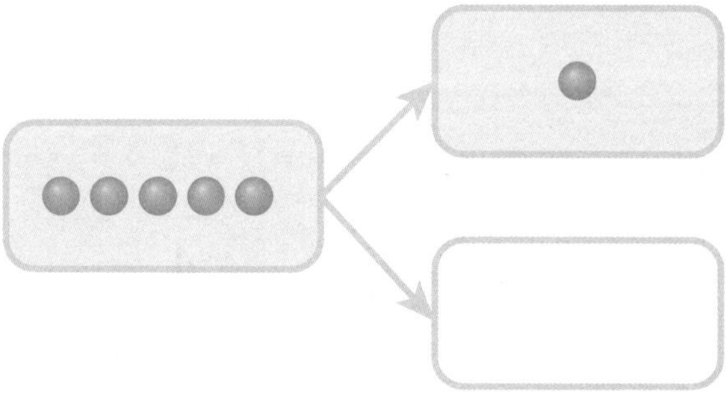

⓮

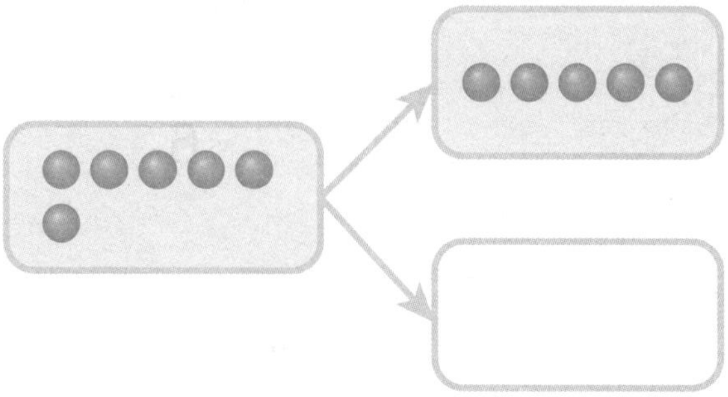

⓯

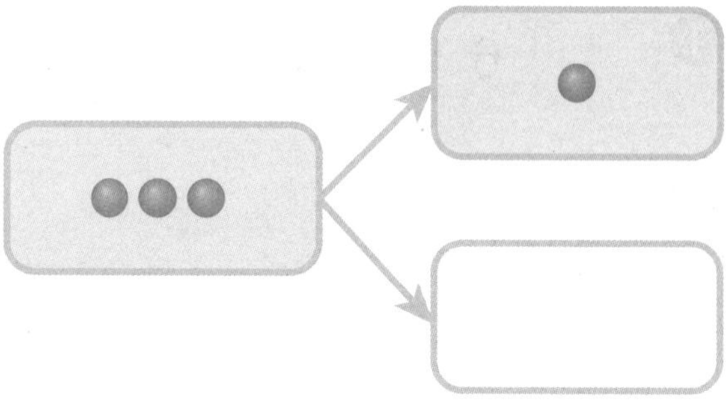

⓰

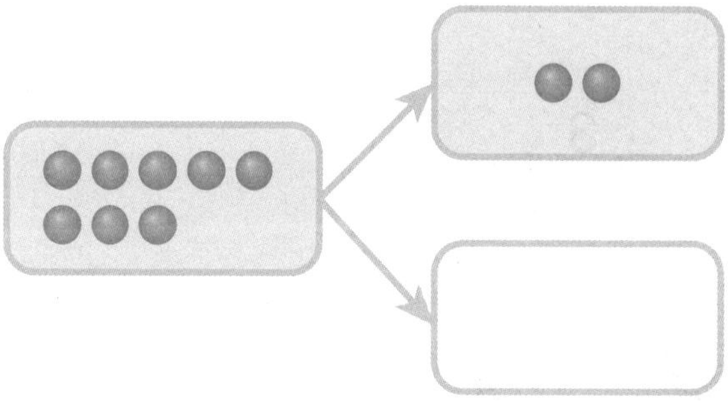

⓱

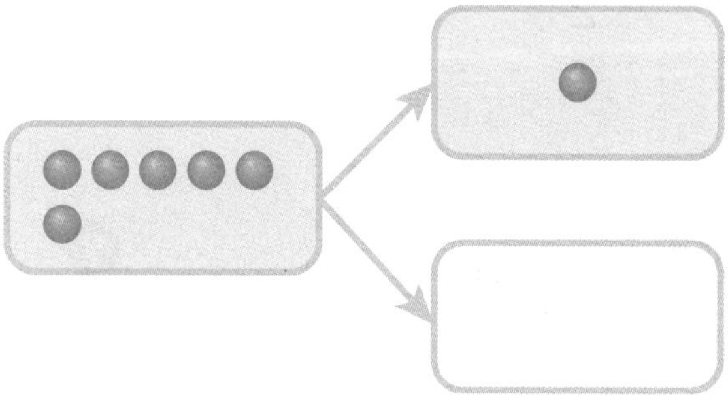

⓲

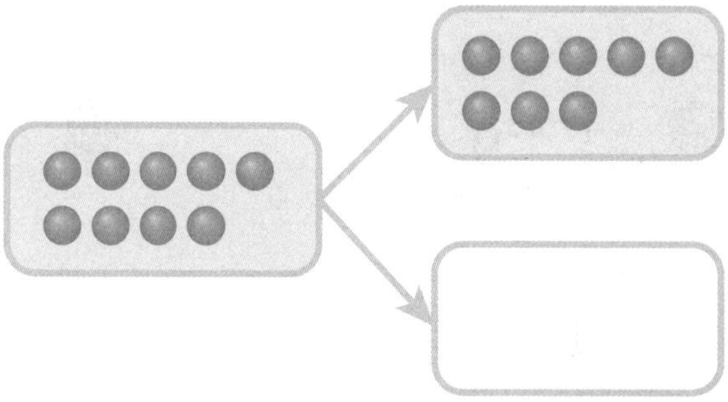

# 02 9까지의 두 수로 가르기

복습 B

빈 곳에 알맞은 수를 써넣으세요.

❶ 6 → 1, □

6은 1과 5로 가르기 할 수 있어요.

❷ 7 → 3, □

❸ 8 → 2, □

❹ 3 → 2, □

❺ 9 → 4, □

❻ 8 → 6, □

❼ 9 → 3, □

❽ 5 → 1, □

❾ 8 → 5, □

❿ 2 → 1, □

⓫ 7 → 2, □

⓬ 4 → 1, □

⓭ 9 → 7, □

⓮ 4 → 3, □

⓯ 6 → 4, □

정답 90쪽

| 공부한 날짜 | 맞힌 개수 | 걸린 시간 |
| --- | --- | --- |
| 월 일 | /30 | 분 |

빈 곳에 알맞은 수를 써넣으세요.

16. 7 → 6, □
17. 8 → 7, □
18. 5 → 3, □
19. 5 → 4, □
20. 9 → 5, □
21. 5 → 2, □
22. 3 → 1, □
23. 7 → 5, □
24. 6 → 3, □
25. 8 → 1, □
26. 7 → 1, □
27. 9 → 2, □
28. 8 → 3, □
29. 9 → 1, □
30. 9 → 6, □

# 03 9까지의 세 수로 가르기

복습 A

빈 곳에 알맞은 수만큼 ○를 그려 보세요.

1
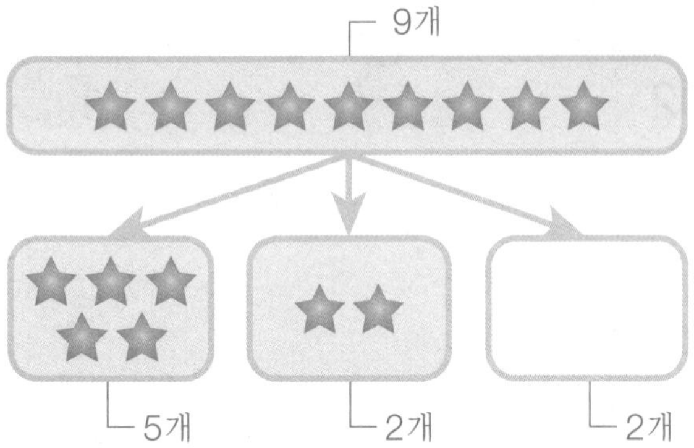


6

2
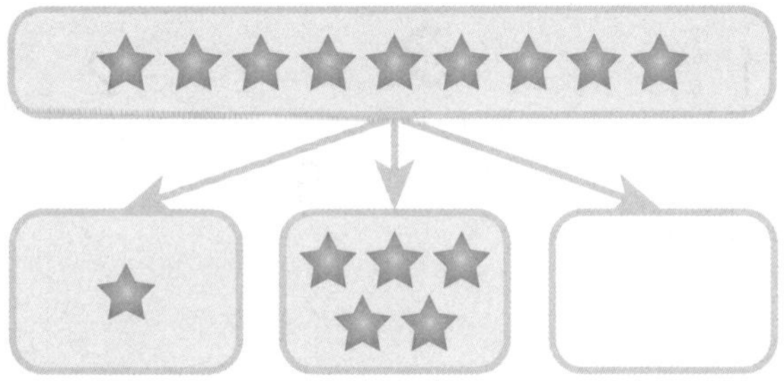

7

3

8

4
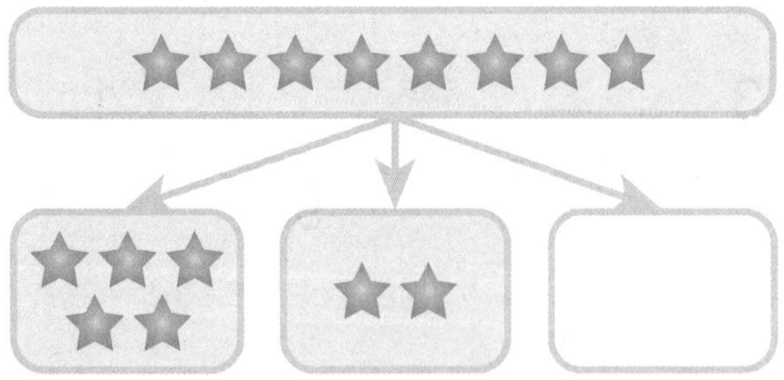

9

5

10

정답 90쪽

| 공부한 날짜 | 맞힌 개수 | 걸린 시간 |
|---|---|---|
| 월 일 | /20 | 분 |

## 빈 곳에 알맞은 수만큼 ○를 그려 보세요.

11
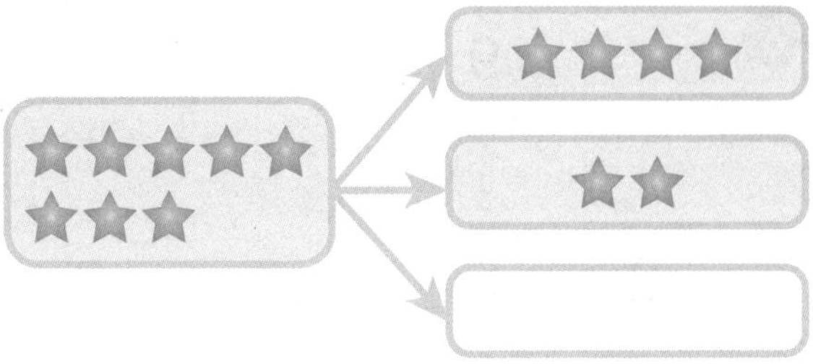

8개는 4개, 2개, 2개로 가르기 할 수 있어요.

16
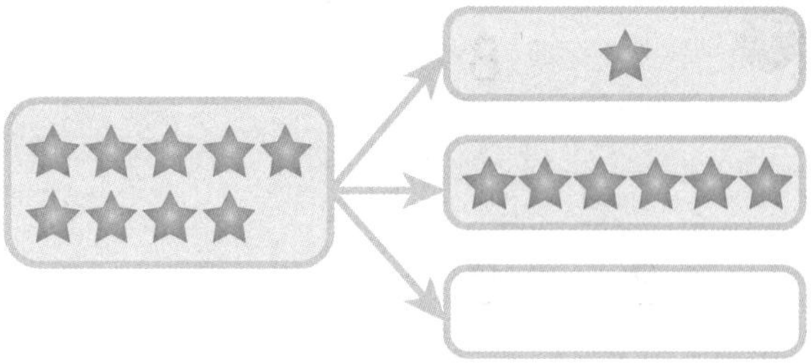

12
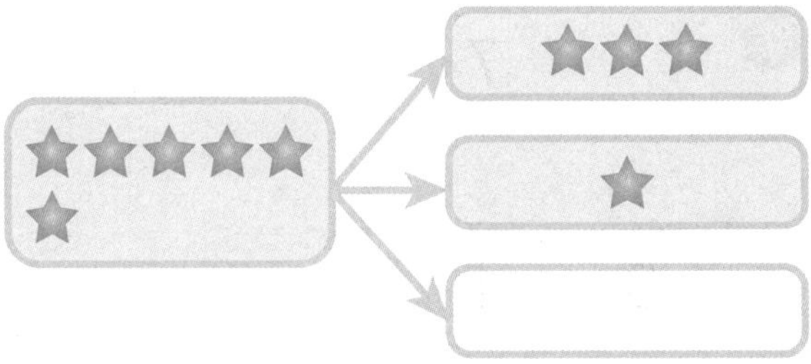

17
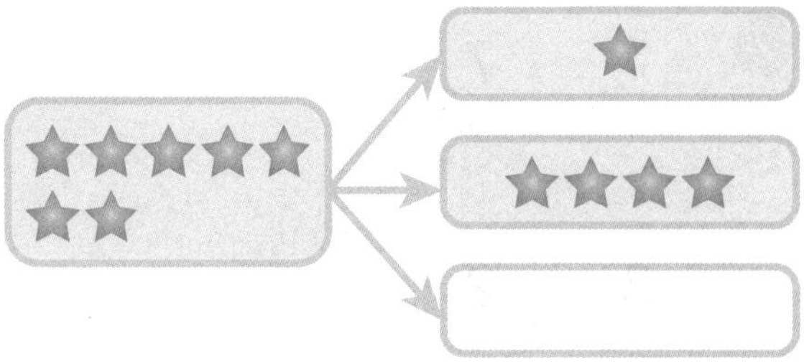

13
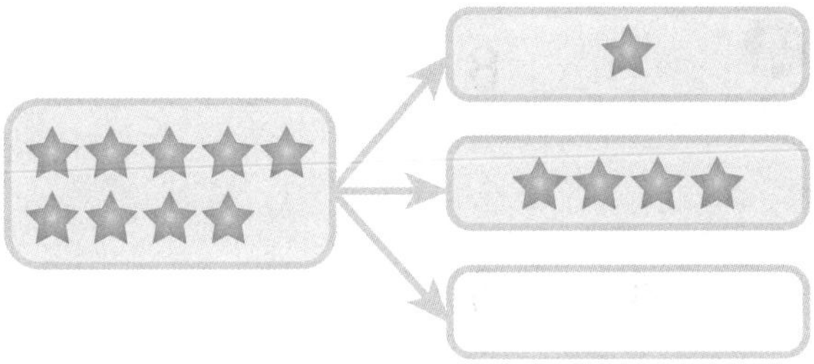

18
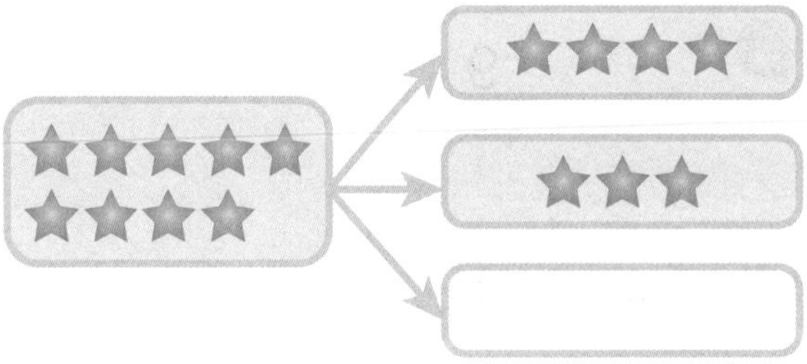

14
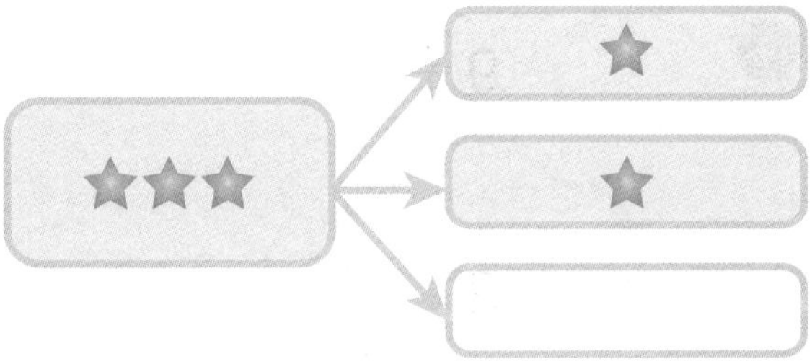

19
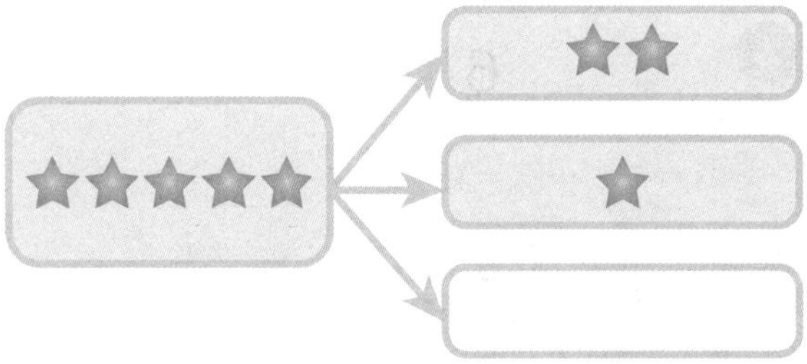

15
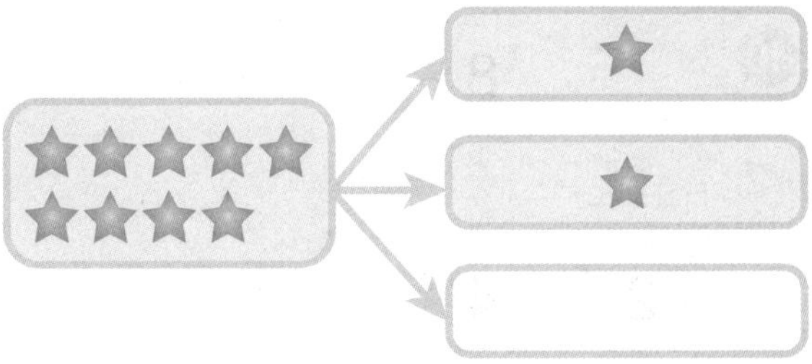

20
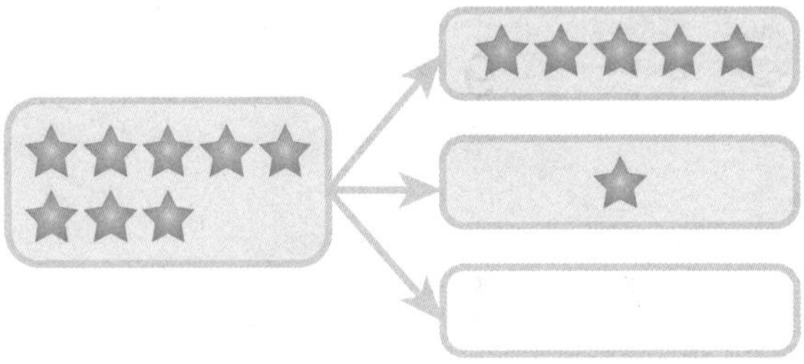

# 04 9까지의 세 수로 가르기

복습 B

빈 곳에 알맞은 수를 써넣으세요.

❶ 8 → 3, 2, □

8은 3, 2, 3으로 가르기 할 수 있어요.

❷ 7 → 3, 2, □

❸ 9 → 4, 1, □

❹ 6 → 1, 1, □

❺ 9 → 7, 1, □

❻ 9 → 3, 5, □

❼ 7 → 3, 1, □

❽ 8 → 4, 3, □

❾ 9 → 2, 3, □

❿ 8 → 2, 4, □

정답 90쪽

| 공부한 날짜 | 맞힌 개수 | 걸린 시간 |
| --- | --- | --- |
| 월 일 | /22 | 분 |

빈 곳에 알맞은 수를 써넣으세요.

⓫ 9 → 3, 1, □

⓯ 7 → 1, 5, □

⓳ 8 → 1, 3, □

⓬ 8 → 3, 1, □

⓰ 6 → 1, 2, □

⓴ 9 → 5, 3, □

⓭ 8 → 2, 3, □

⓱ 7 → 2, 4, □

21 7 → 1, 2, □

⓮ 5 → 1, 3, □

⓲ 8 → 5, 2, □

22 9 → 5, 2, □

# 05 한 자리 수의 뺄셈하기

복습 A

뺄셈식을 쓰고, 읽어 보세요.

❶

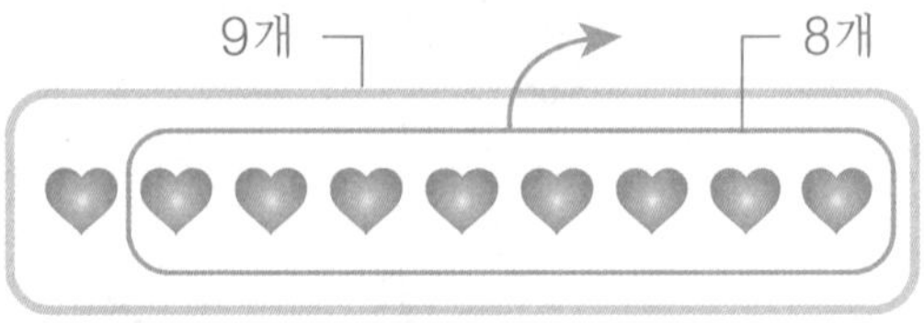


- 쓰기 ____________________
- 읽기 ______________________________

❷

- 쓰기 ____________________
- 읽기 ______________________________

❸

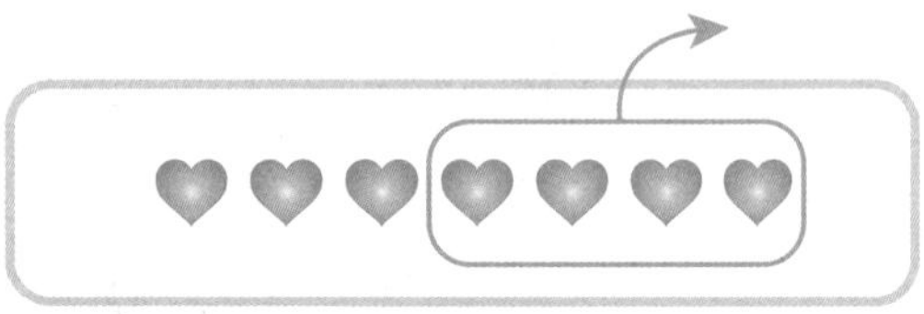

- 쓰기 ____________________
- 읽기 ______________________________

❹

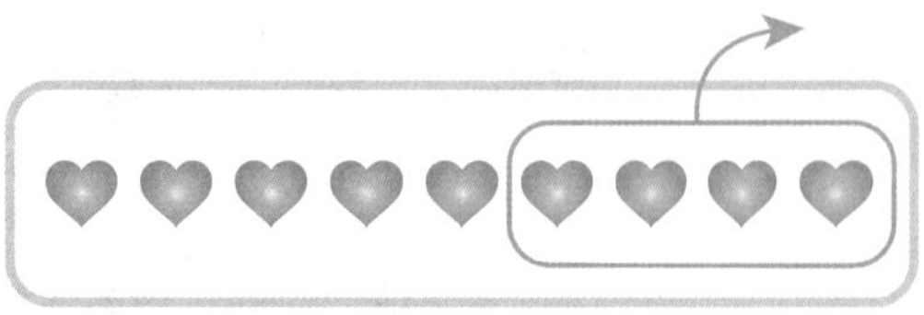

- 쓰기 ____________________
- 읽기 ______________________________

❺

- 쓰기 ____________________
- 읽기 ______________________________

❻

- 쓰기 ____________________
- 읽기 ______________________________

❼

- 쓰기 ____________________
- 읽기 ______________________________

❽

- 쓰기 ____________________
- 읽기 ______________________________

정답 91쪽

| 공부한 날짜 | 맞힌 개수 | 걸린 시간 |
|---|---|---|
| 월 일 | /16 | 분 |

## 뺄셈식을 쓰고, 읽어 보세요.

**9**

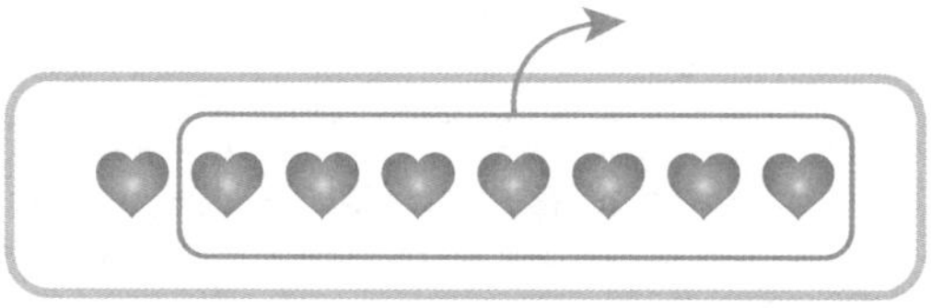

- 쓰기 ____________
- 읽기 ____________

**10**

- 쓰기 ____________
- 읽기 ____________

**11**

- 쓰기 ____________
- 읽기 ____________

**12**

- 쓰기 ____________
- 읽기 ____________

**13**

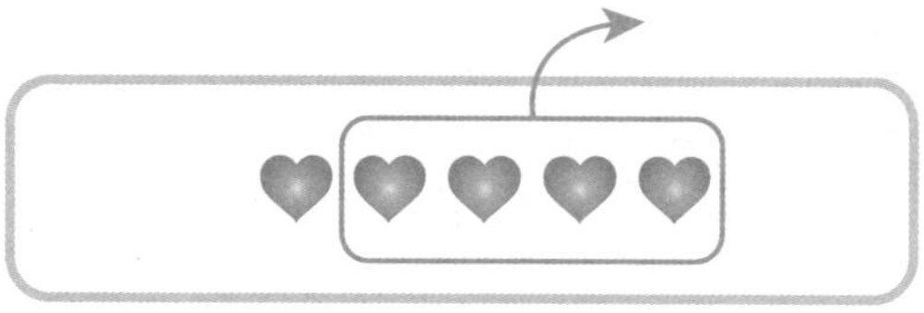

- 쓰기 ____________
- 읽기 ____________

**14**

- 쓰기 ____________
- 읽기 ____________

**15**

- 쓰기 ____________
- 읽기 ____________

**16**

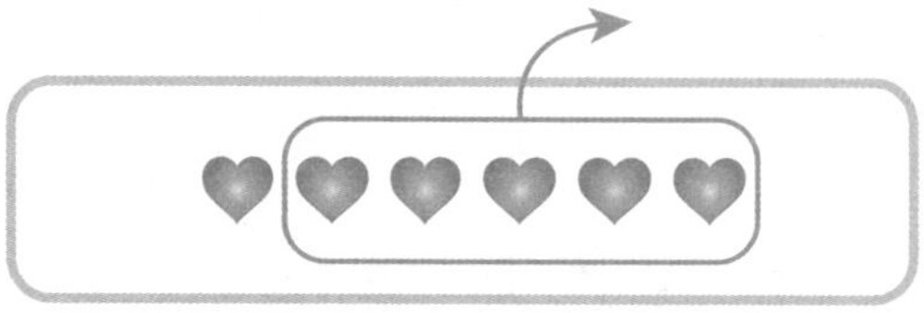

- 쓰기 ____________
- 읽기 ____________

# 06 한 자리 수의 뺄셈하기

복습 B

□ 안에 알맞은 수를 써넣으세요.

1
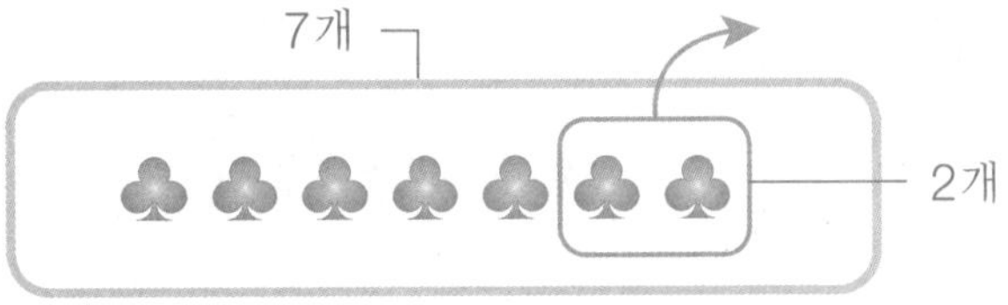


7 − □ = □

2

9 − □ = □

3
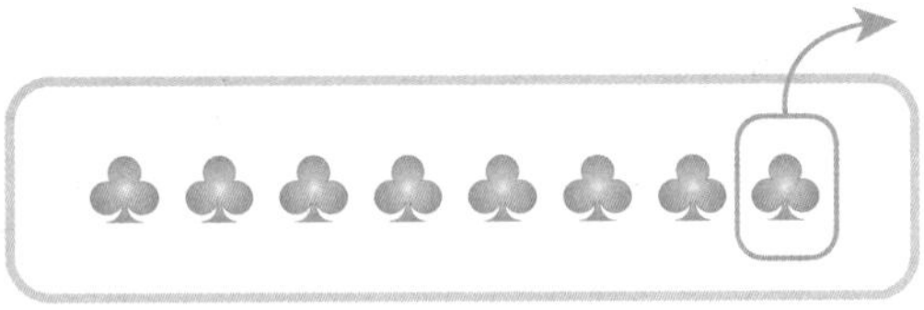

8 − □ = □

4
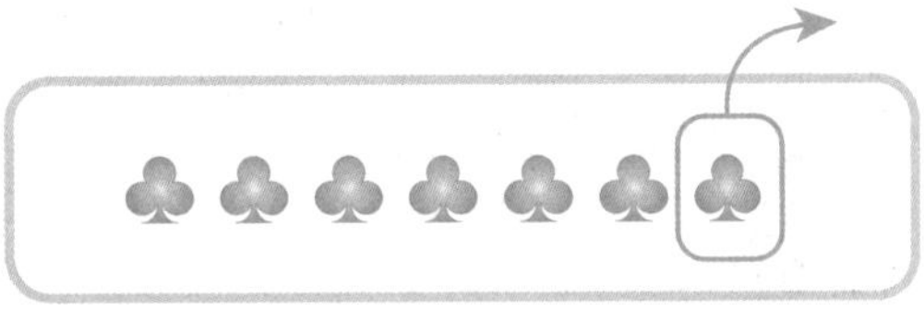

7 − □ = □

5
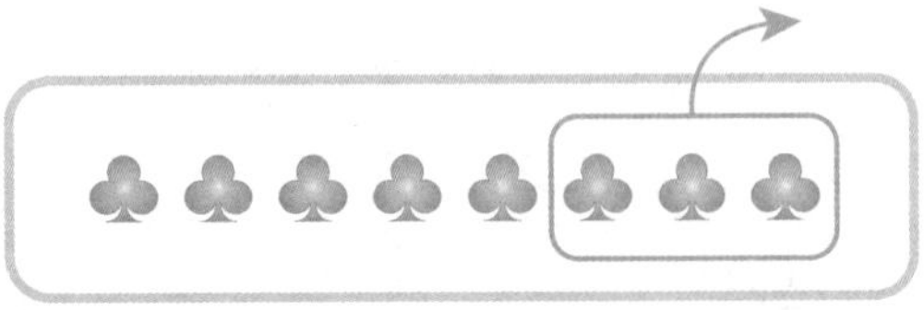

8 − □ = □

6
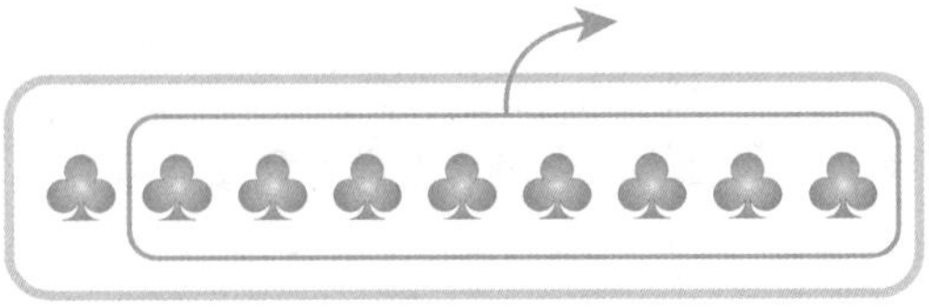

9 − □ = □

7
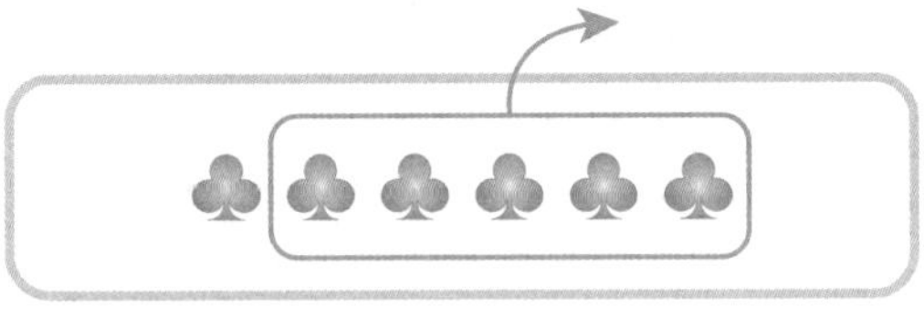

6 − □ = □

8
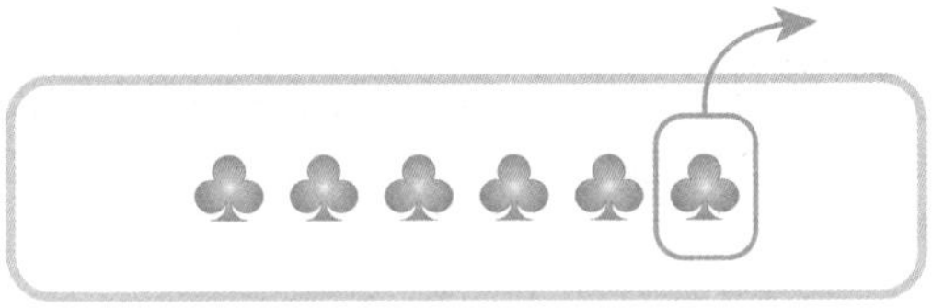

6 − □ = □

9
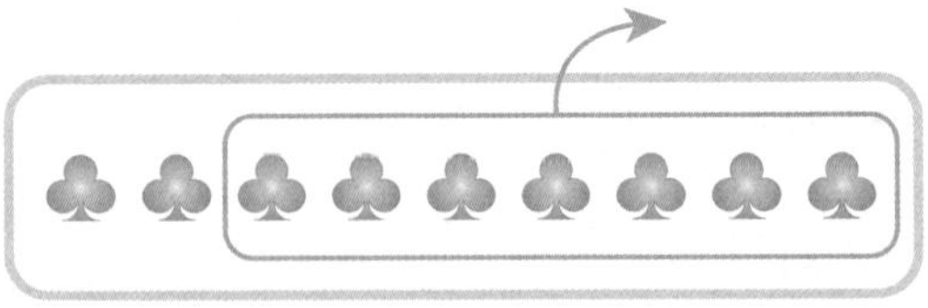

9 − □ = □

10
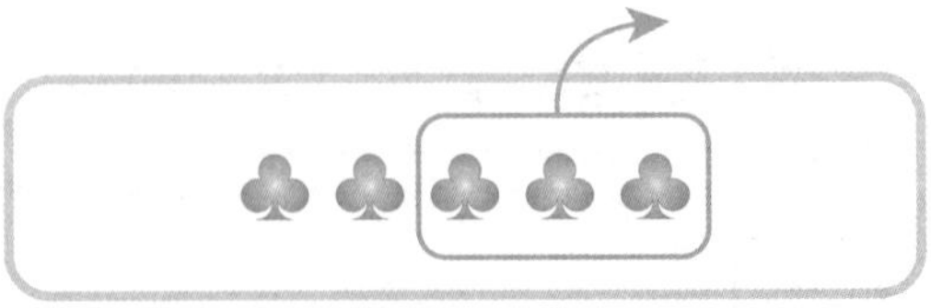

5 − □ = □

정답 91쪽

| 공부한 날짜 | 맞힌 개수 | 걸린 시간 |
| --- | --- | --- |
| 월 일 | /28 | 분 |

빨셈을 하세요.

⑪ $6 - 4 = \square$

⑰ $4 - 3 = \square$

㉓ $2 - 1 = \square$

⑫ $4 - 1 = \square$

⑱ $9 - 4 = \square$

㉔ $7 - 5 = \square$

⑬ $9 - 0 = \square$

⑲ $4 - 2 = \square$

㉕ $5 - 3 = \square$

⑭ $8 - 7 = \square$

⑳ $7 - 4 = \square$

㉖ $7 - 3 = \square$

⑮ $3 - 1 = \square$

㉑ $5 - 4 = \square$

㉗ $9 - 6 = \square$

⑯ $8 - 5 = \square$

㉒ $8 - 0 = \square$

㉘ $3 - 2 = \square$

# 07 세 수로 덧셈식 만들기

복습 A

세 수로 덧셈식을 만들어 보세요.

❶ 9 5 4

5 + ☐ = ☐, 4 + ☐ = ☐

가장 큰 수가 '='의 오른쪽에 와야 해요.

❷ 6 1 7

6 + ☐ = ☐, 1 + ☐ = ☐

❸ 7 2 9

7 + ☐ = ☐, 2 + ☐ = ☐

❹ 6 4 2

4 + ☐ = ☐, 2 + ☐ = ☐

❺ 8 3 5

3 + ☐ = ☐, 5 + ☐ = ☐

❻ 2 5 3

2 + ☐ = ☐, 3 + ☐ = ☐

❼ 9 6 3

6 + ☐ = ☐, 3 + ☐ = ☐

❽ 8 9 1

8 + ☐ = ☐, 1 + ☐ = ☐

❾ 1 5 6

1 + ☐ = ☐, 5 + ☐ = ☐

❿ 7 1 8

7 + ☐ = ☐, 1 + ☐ = ☐

정답 91쪽

| 공부한 날짜 | 맞힌 개수 | 걸린 시간 |
|---|---|---|
| 월 일 | /20 | 분 |

세 수로 덧셈식을 만들어 보세요.

⑪ 3 2 1

2 + ☐ = ☐, 1 + ☐ = ☐

⑫ 8 6 2

6 + ☐ = ☐, 2 + ☐ = ☐

⑬ 7 4 3

4 + ☐ = ☐, 3 + ☐ = ☐

⑭ 2 8 6

2 + ☐ = ☐, 6 + ☐ = ☐

⑮ 7 3 4

3 + ☐ = ☐, 4 + ☐ = ☐

⑯ 6 3 9

6 + ☐ = ☐, 3 + ☐ = ☐

⑰ 4 5 1

4 + ☐ = ☐, 1 + ☐ = ☐

⑱ 1 3 2

1 + ☐ = ☐, 2 + ☐ = ☐

⑲ 1 3 4

1 + ☐ = ☐, 3 + ☐ = ☐

⑳ 4 5 9

4 + ☐ = ☐, 5 + ☐ = ☐

# 08 세 수로 뺄셈식 만들기

복습 A

세 수로 뺄셈식을 만들어 보세요.

❶ 7 2 9

□ − □ = 2, □ − 2 = □

가장 큰 수가 '−'의 왼쪽에 와야 해요.

❷ 7 4 3

□ − □ = 3, □ − 3 = □

❸ 8 9 1

□ − □ = 8, □ − 8 = □

❹ 1 5 4

□ − □ = 1, □ − 1 = □

❺ 3 2 1

□ − □ = 1, □ − 1 = □

❻ 2 6 4

□ − □ = 4, □ − 4 = □

❼ 7 1 8

□ − □ = 1, □ − 1 = □

❽ 7 3 4

□ − □ = 3, □ − 3 = □

❾ 5 3 8

□ − □ = 5, □ − 5 = □

❿ 6 2 4

□ − □ = 4, □ − 4 = □

정답 91쪽

| 공부한 날짜 | 맞힌 개수 | 걸린 시간 |
|---|---|---|
| 월 일 | /20 | 분 |

세 수로 뺄셈식을 만들어 보세요.

⑪ 2 5 7

□ − □ = 5, □ − 5 = □

⑫ 5 9 4

□ − □ = 4, □ − 4 = □

⑬ 8 3 5

□ − □ = 5, □ − 5 = □

⑭ 1 3 4

□ − □ = 1, □ − 1 = □

⑮ 6 7 1

□ − □ = 6, □ − 6 = □

⑯ 4 1 3

□ − □ = 3, □ − 3 = □

⑰ 1 5 6

□ − □ = 1, □ − 1 = □

⑱ 1 7 6

□ − □ = 6, □ − 6 = □

⑲ 9 6 3

□ − □ = 6, □ − 6 = □

⑳ 5 1 6

□ − □ = 5, □ − 5 = □

# 01 10 모으기와 가르기

복습 A

빈 곳에 알맞은 수를 써넣으세요.

1. 8, 2 → ☐ (8과 2를 모으기 하면 10이 돼요.)
2. 7, 3 → ☐
3. 8, 2 → ☐
4. 3, 7 → ☐
5. 6, 4 → ☐
6. 1, 9 → ☐
7. 9, 1 → ☐
8. 4, 6 → ☐
9. 9, 1 → ☐
10. 2, 8 → ☐
11. 3, 7 → ☐
12. 5, 5 → ☐
13. 1, 9 → ☐
14. 5, 5 → ☐
15. 7, 3 → ☐

➲ 정답 92쪽

| 공부한 날짜 | 맞힌 개수 | 걸린 시간 |
| --- | --- | --- |
| 월 일 | /30 | 분 |

## 빈 곳에 알맞은 수를 써넣으세요.

⓰ 10 → 2, □

10은 2와 8로 가르기 할 수 있어요.

⓱ 10 → 7, □

⓲ 10 → 4, □

⓳ 10 → 5, □

⓴ 10 → 1, □

㉑ 10 → 5, □

㉒ 10 → 1, □

㉓ 10 → 9, □

㉔ 10 → 7, □

㉕ 10 → 6, □

㉖ 10 → 6, □

㉗ 10 → 3, □

㉘ 10 → 8, □

㉙ 10 → 2, □

㉚ 10 → 3, □

# 02 십몇 알기

복습 A

빈 곳에 알맞은 수를 써넣으세요.

❶

| 10개씩 묶음 | 낱개 |
|---|---|
| 1 | 9 |
| | |

❷

| 10개씩 묶음 | 낱개 |
|---|---|
| 1 | 1 |
| | |

❸

| 10개씩 묶음 | 낱개 |
|---|---|
| 1 | 5 |
| | |

❹

| 10개씩 묶음 | 낱개 |
|---|---|
| 1 | 7 |
| | |

❺

| 10개씩 묶음 | 낱개 |
|---|---|
| 1 | 3 |
| | |

❻

| 10개씩 묶음 | 낱개 |
|---|---|
| 1 | 6 |
| | |

❼

| 10개씩 묶음 | 낱개 |
|---|---|
| 1 | 8 |
| | |

❽

| 10개씩 묶음 | 낱개 |
|---|---|
| 1 | 7 |
| | |

❾

| 10개씩 묶음 | 낱개 |
|---|---|
| 1 | 2 |
| | |

❿

| 10개씩 묶음 | 낱개 |
|---|---|
| 1 | 4 |
| | |

정답 92쪽

| 공부한 날짜 | 맞힌 개수 | 걸린 시간 |
|---|---|---|
| 월 일 | /20 | 분 |

◆ 두 가지 방법으로 읽어 보세요.

⑪

| 수 | 16 | |
|---|---|---|
| 읽기 | | |

16은 십육 또는 열여섯이라고 읽어요.

⑫

| 수 | 14 | |
|---|---|---|
| 읽기 | | |

⑬

| 수 | 12 | |
|---|---|---|
| 읽기 | | |

⑭

| 수 | 13 | |
|---|---|---|
| 읽기 | | |

⑮

| 수 | 17 | |
|---|---|---|
| 읽기 | | |

⑯

| 수 | 11 | |
|---|---|---|
| 읽기 | | |

⑰

| 수 | 15 | |
|---|---|---|
| 읽기 | | |

⑱

| 수 | 16 | |
|---|---|---|
| 읽기 | | |

⑲

| 수 | 19 | |
|---|---|---|
| 읽기 | | |

⑳

| 수 | 18 | |
|---|---|---|
| 읽기 | | |

# 03 십몇 모으기와 가르기

복습 A

빈 곳에 알맞은 수만큼 ○를 그려 보세요.

1
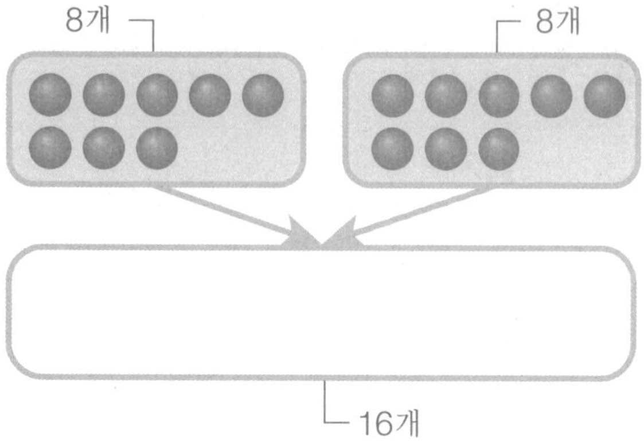


5
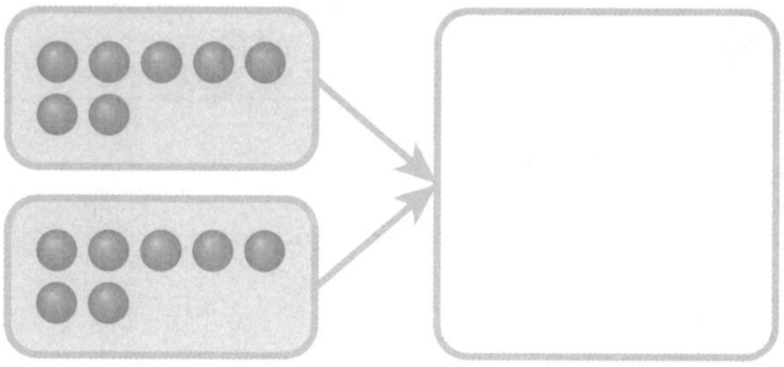

2
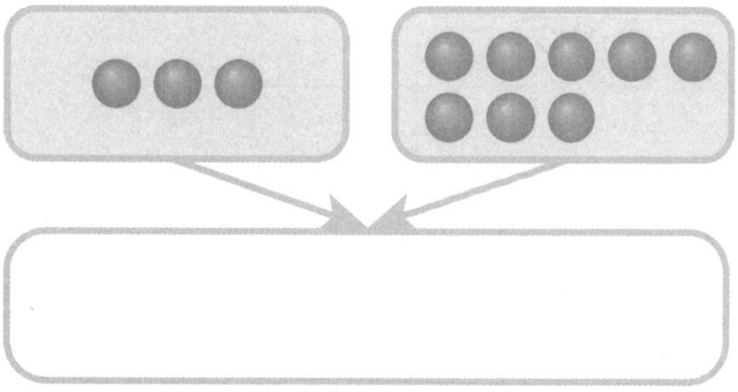

6
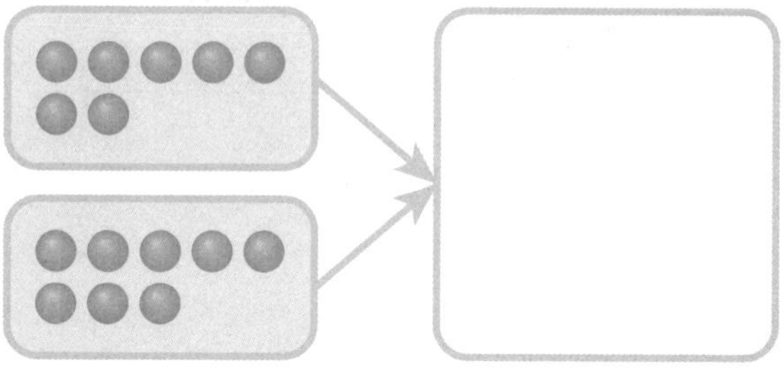

3
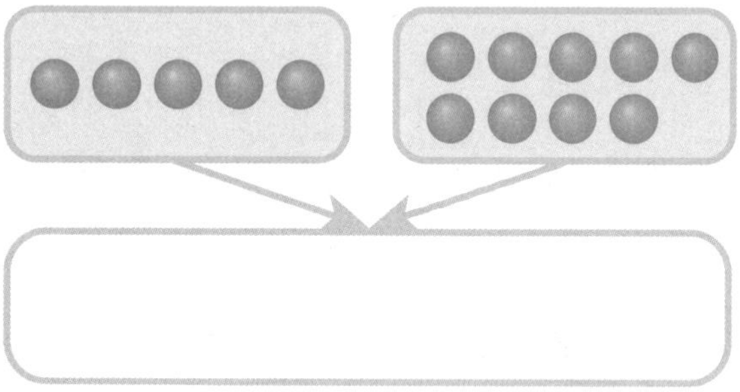

7
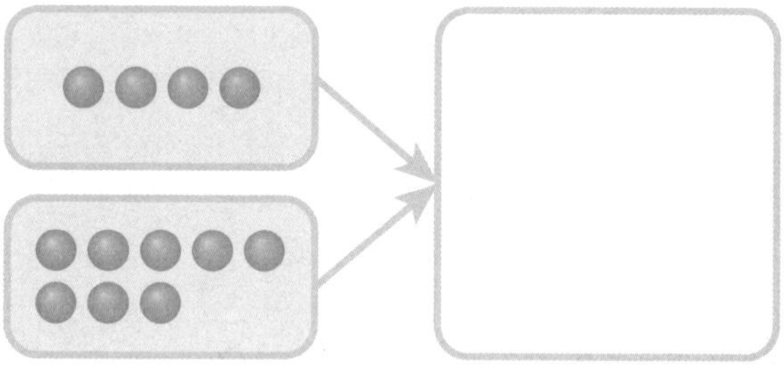

4
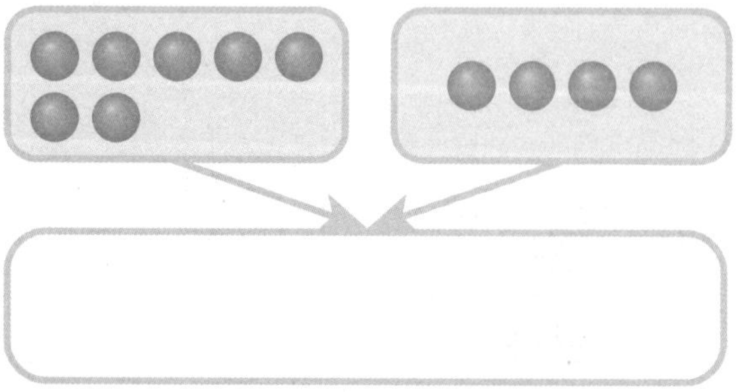

8
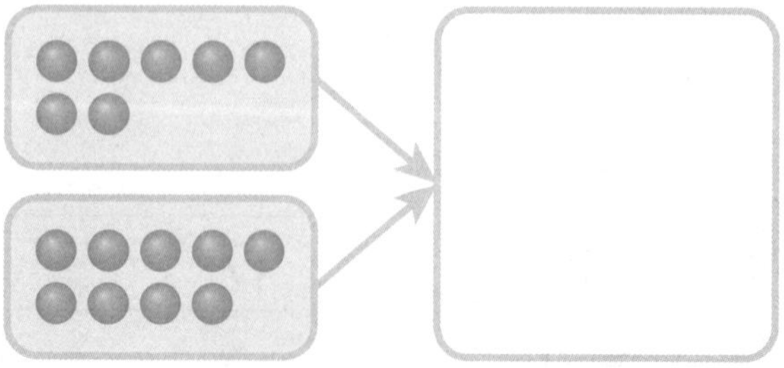

정답 92쪽

| 공부한 날짜 | 맞힌 개수 | 걸린 시간 |
| --- | --- | --- |
| 월 일 | /16 | 분 |

빈 곳에 알맞은 수만큼 ○를 그려 보세요.

9
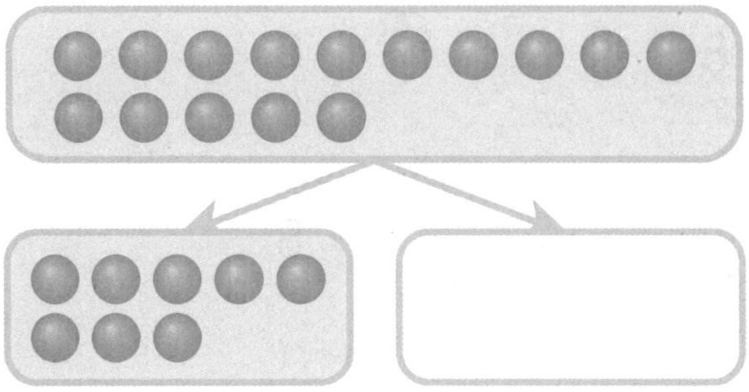

13
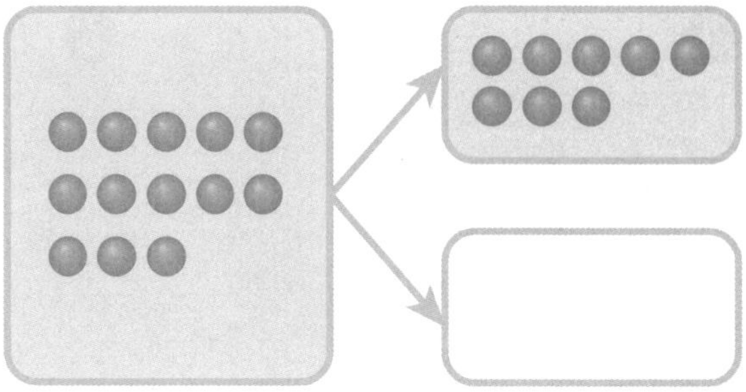

10
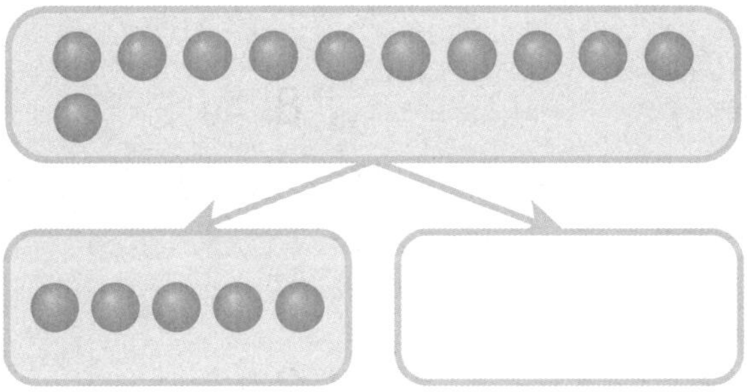

14
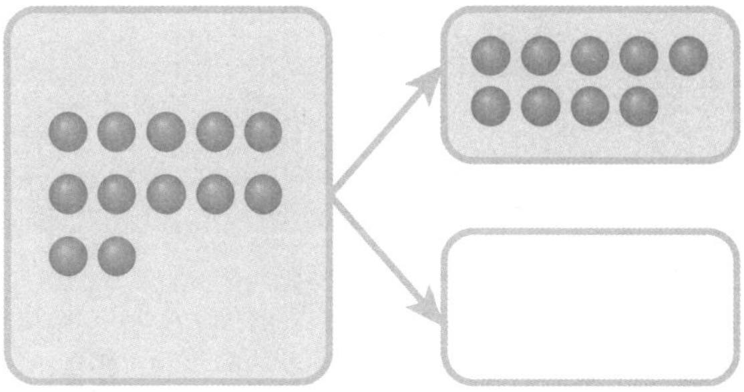

11
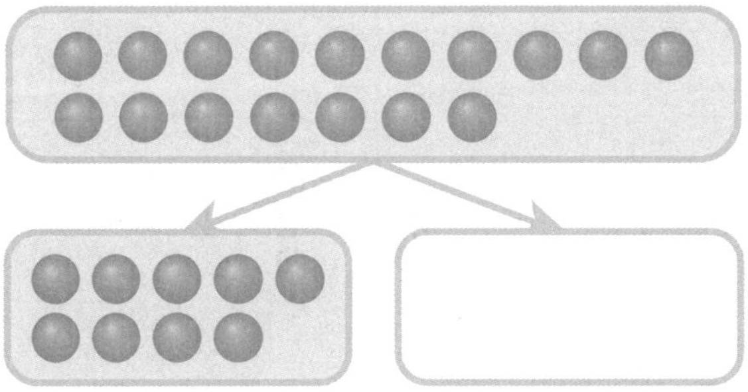

15
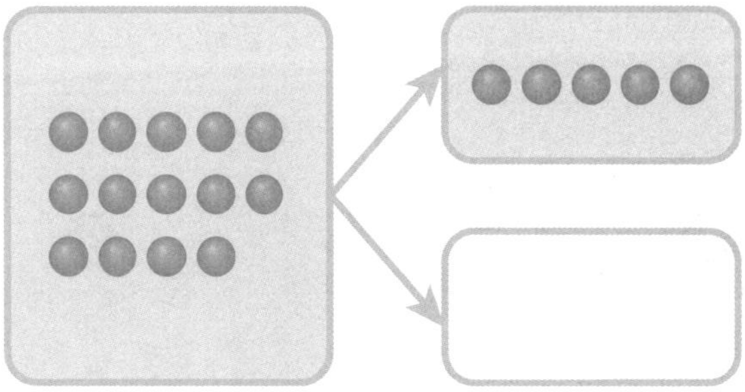

12
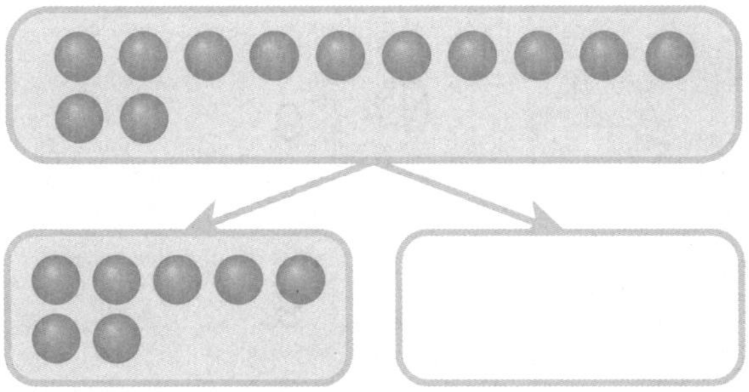

16
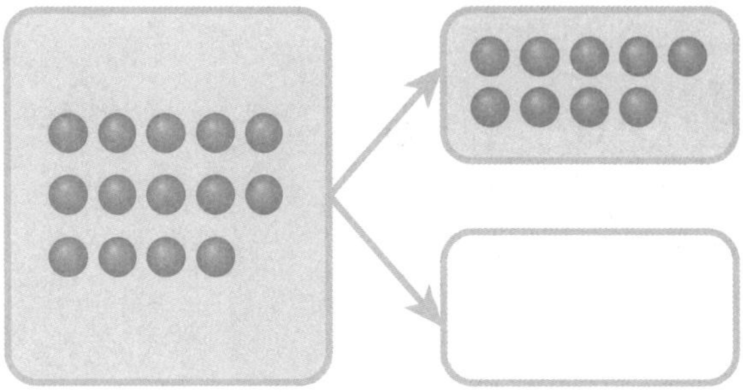

# 04 십몇 모으기와 가르기

복습 B

빈 곳에 알맞은 수를 써넣으세요.

❶ 9, 6 → ( )

❷ 5, 8 → ( )

❸ 7, 5 → ( )

❹ 5, 7 → ( )

❺ 6, 5 → ( )

❻ 6, 8 → ( )

❼ 6, 9 → ( )

❽ 4, 8 → ( )

❾ 7, 4 → ( )

❿ 8, 6 → ( )

⓫ 8, 8 → ( )

⓬ 4, 8 → ( )

⓭ 2, 9 → ( )

⓮ 5, 6 → ( )

⓯ 9, 9 → ( )

정답 92쪽

| 공부한 날짜 | 맞힌 개수 | 걸린 시간 |
|---|---|---|
| 월 일 | /30 | 분 |

빈 곳에 알맞은 수를 써넣으세요.

16. 12 → 8, □

17. 13 → 7, □

18. 15 → 9, □

19. 11 → 9, □

20. 12 → 5, □

21. 14 → 7, □

22. 11 → 4, □

23. 12 → 6, □

24. 11 → 3, □

25. 13 → 6, □

26. 14 → 5, □

27. 14 → 9, □

28. 15 → 6, □

29. 12 → 9, □

30. 11 → 6, □

# 05 몇십 알기

복습 A

빈 곳에 알맞은 수를 써넣으세요.

❶

| 10개씩 묶음 | 낱개 |
|---|---|
| 3 | 0 |
| | |

❷

| 10개씩 묶음 | 낱개 |
|---|---|
| 4 | 0 |
| | |

❸

| 10개씩 묶음 | 낱개 |
|---|---|
| 2 | 0 |
| | |

❹

| 10개씩 묶음 | 낱개 |
|---|---|
| 5 | 0 |
| | |

❺

| 10개씩 묶음 | 낱개 |
|---|---|
| 4 | 0 |
| | |

❻

| 10개씩 묶음 | 낱개 |
|---|---|
| 5 | 0 |
| | |

❼

| 10개씩 묶음 | 낱개 |
|---|---|
| 2 | 0 |
| | |

❽

| 10개씩 묶음 | 낱개 |
|---|---|
| 3 | 0 |
| | |

❾

| 10개씩 묶음 | 낱개 |
|---|---|
| 3 | 0 |
| | |

❿

| 10개씩 묶음 | 낱개 |
|---|---|
| 5 | 0 |
| | |

정답 93쪽

| 공부한 날짜 | 맞힌 개수 | 걸린 시간 |
|---|---|---|
| 월 일 | /22 | 분 |

수를 두 가지 방법으로 읽어 보세요.

⑪ 20 → [ ], [ ]

20은 이십 또는 스물이라고 읽어요.

⑫ 10 → [ ], [ ]

⑬ 30 → [ ], [ ]

⑭ 50 → [ ], [ ]

⑮ 20 → [ ], [ ]

⑯ 40 → [ ], [ ]

⑰ 40 → [ ], [ ]

⑱ 20 → [ ], [ ]

⑲ 40 → [ ], [ ]

⑳ 30 → [ ], [ ]

㉑ 10 → [ ], [ ]

㉒ 50 → [ ], [ ]

# 06 몇십몇 알기

복습 A

빈 곳에 알맞은 수를 써넣으세요.

1

| 10개씩 묶음 | 낱개 |
|---|---|
| 4 | 6 |

2

| 10개씩 묶음 | 낱개 |
|---|---|
| 3 | 1 |

3

| 10개씩 묶음 | 낱개 |
|---|---|
| 2 | 8 |

4

| 10개씩 묶음 | 낱개 |
|---|---|
| 2 | 9 |

5

| 10개씩 묶음 | 낱개 |
|---|---|
| 4 | 1 |

6

| 10개씩 묶음 | 낱개 |
|---|---|
| 3 | 9 |

7

| 10개씩 묶음 | 낱개 |
|---|---|
| 4 | 5 |

8

| 10개씩 묶음 | 낱개 |
|---|---|
| 3 | 2 |

9

| 10개씩 묶음 | 낱개 |
|---|---|
| 4 | 3 |

10

| 10개씩 묶음 | 낱개 |
|---|---|
| 3 | 7 |

정답 93쪽

| 공부한 날짜 | 맞힌 개수 | 걸린 시간 |
| --- | --- | --- |
| 월 일 | /20 | 분 |

두 가지 방법으로 읽어 보세요.

⑪

| 수 | 26 | |
| --- | --- | --- |
| 읽기 | | |

26은 이십육 또는 스물여섯이라고 읽어요.

⑫

| 수 | 34 | |
| --- | --- | --- |
| 읽기 | | |

⑬

| 수 | 47 | |
| --- | --- | --- |
| 읽기 | | |

⑭

| 수 | 22 | |
| --- | --- | --- |
| 읽기 | | |

⑮

| 수 | 24 | |
| --- | --- | --- |
| 읽기 | | |

⑯

| 수 | 21 | |
| --- | --- | --- |
| 읽기 | | |

⑰

| 수 | 49 | |
| --- | --- | --- |
| 읽기 | | |

⑱

| 수 | 39 | |
| --- | --- | --- |
| 읽기 | | |

⑲

| 수 | 38 | |
| --- | --- | --- |
| 읽기 | | |

⑳

| 수 | 35 | |
| --- | --- | --- |
| 읽기 | | |

# 07 몇십몇 알기

복습 B

□ 안에 알맞은 수를 써넣으세요.

1. 10개씩 묶음 4개와 낱개 6개
   40 □
   ➡ 40과 □은 □입니다.

2. 10개씩 묶음 3개와 낱개 1개
   30 □
   ➡ 30과 □은 □입니다.

3. 10개씩 묶음 4개와 낱개 7개
   40 □
   ➡ 40과 □은 □입니다.

4. 10개씩 묶음 3개와 낱개 9개
   30 □
   ➡ 30과 □는 □입니다.

5. 10개씩 묶음 2개와 낱개 1개
   20 □
   ➡ 20과 □은 □입니다.

6. 10개씩 묶음 4개와 낱개 4개
   □ 4
   ➡ □과 4는 □입니다.

7. 10개씩 묶음 2개와 낱개 5개
   □ 5
   ➡ □과 5는 □입니다.

8. 10개씩 묶음 4개와 낱개 2개
   □ 2
   ➡ □과 2는 □입니다.

9. 10개씩 묶음 3개와 낱개 8개
   □ 8
   ➡ □과 8은 □입니다.

10. 10개씩 묶음 2개와 낱개 6개
   □ 6
   ➡ □과 6은 □입니다.

| 공부한 날짜 | 맞힌 개수 | 걸린 시간 |
|---|---|---|
| 월 일 | /20 | 분 |

□ 안에 알맞은 수를 써넣으세요.

⑪ 10개씩 묶음 4개와 낱개 1개

40 □

➡ 40과 □은 □입니다.

⑫ 10개씩 묶음 4개와 낱개 9개

40 □

➡ 40과 □는 □입니다.

⑬ 10개씩 묶음 3개와 낱개 6개

30 □

➡ 30과 □은 □입니다.

⑭ 10개씩 묶음 2개와 낱개 2개

20 □

➡ 20과 □는 □입니다.

⑮ 10개씩 묶음 3개와 낱개 8개

30 □

➡ 30과 □은 □입니다.

⑯ 10개씩 묶음 3개와 낱개 4개

□ 4

➡ □과 4는 □입니다.

⑰ 10개씩 묶음 2개와 낱개 9개

□ 9

➡ □과 9는 □입니다.

⑱ 10개씩 묶음 3개와 낱개 3개

□ 3

➡ □과 3은 □입니다.

⑲ 10개씩 묶음 4개와 낱개 5개

□ 5

➡ □과 5는 □입니다.

⑳ 10개씩 묶음 2개와 낱개 8개

□ 8

➡ □과 8은 □입니다.

# 08 50까지의 수의 순서 알기

복습 A

순서에 맞게 빈 곳에 알맞은 수를 써넣으세요.

1

| | | | | | | | | | |
|---|---|---|---|---|---|---|---|---|---|
| 23 | 24 | | 26 | 27 | | 29 | | 31 | |

2

| | | | | | | | | | |
|---|---|---|---|---|---|---|---|---|---|
| 17 | 18 | 19 | | | | 23 | | 25 | 26 |

3

| | | | | | | | | | |
|---|---|---|---|---|---|---|---|---|---|
| | 26 | 27 | | 29 | 30 | | 32 | 33 | |

4

| | | | | | | | | | |
|---|---|---|---|---|---|---|---|---|---|
| 34 | | 36 | 37 | 38 | | | 41 | | |

5

| | | | | | | | | | |
|---|---|---|---|---|---|---|---|---|---|
| | | | 35 | 36 | 37 | 38 | 39 | | |

6

| | | | | | | | | | |
|---|---|---|---|---|---|---|---|---|---|
| 28 | | 30 | | 32 | 33 | | 35 | | 37 |

정답 93쪽

| 공부한 날짜 | 맞힌 개수 | 걸린 시간 |
|---|---|---|
| 월 일 | /18 | 분 |

순서에 맞게 빈 곳에 알맞은 수를 써넣으세요.

⑦

| | | | | |
|---|---|---|---|---|
| | | 39 | 40 | 41 |

⑧

| | | | | |
|---|---|---|---|---|
| 18 | | | 21 | 22 |

⑨

| | | | | |
|---|---|---|---|---|
| | 24 | 25 | | 27 |

⑩

| | | | | |
|---|---|---|---|---|
| 38 | 39 | 40 | | |

⑪

| | | | | |
|---|---|---|---|---|
| 26 | | 28 | 29 | |

⑫

| | | | | |
|---|---|---|---|---|
| | | 43 | 44 | 45 |

⑬

| | | | | |
|---|---|---|---|---|
| | 21 | | 23 | 24 |

⑭

| | | | | |
|---|---|---|---|---|
| 29 | 30 | | 32 | |

⑮

| | | | | |
|---|---|---|---|---|
| | | 44 | 45 | 46 |

⑯

| | | | | |
|---|---|---|---|---|
| 16 | | 18 | | 20 |

⑰

| | | | | |
|---|---|---|---|---|
| 33 | 34 | | | 37 |

⑱

| | | | | |
|---|---|---|---|---|
| | 38 | 39 | | 41 |

# 09 50까지의 수의 순서 알기

복습 B

빈 곳에 알맞은 수를 써넣으세요.

| 문항 | 1 작은 수 | 수 | 1 큰 수 |
| --- | --- | --- | --- |
| 1 | | 33 | |
| 2 | | 22 | |
| 3 | | 44 | |
| 4 | | 18 | |
| 5 | | 20 | |
| 6 | | 23 | |
| 7 | | 39 | |
| 8 | | 15 | |
| 9 | | 34 | |
| 10 | | 46 | |
| 11 | | 31 | |
| 12 | | 28 | |
| 13 | | 26 | |
| 14 | | 16 | |

정답 94쪽

| 공부한 날짜 | 맞힌 개수 | 걸린 시간 |
| --- | --- | --- |
| 월 일 | /28 | 분 |

빈 곳에 알맞은 수를 써넣으세요.

⑮ 31 – 1큰 수 ( ) – 1큰 수 ( )

⑯ 24 – 1큰 수 ( ) – 1큰 수 ( )

⑰ 37 – 1큰 수 ( ) – 1큰 수 ( )

⑱ 47 – 1큰 수 ( ) – 1큰 수 ( )

⑲ 17 – 1큰 수 ( ) – 1큰 수 ( )

⑳ 35 – 1큰 수 ( ) – 1큰 수 ( )

㉑ 40 – 1큰 수 ( ) – 1큰 수 ( )

㉒ 21 – 1큰 수 ( ) – 1큰 수 ( )

㉓ 38 – 1큰 수 ( ) – 1큰 수 ( )

㉔ 12 – 1큰 수 ( ) – 1큰 수 ( )

㉕ 29 – 1큰 수 ( ) – 1큰 수 ( )

㉖ 42 – 1큰 수 ( ) – 1큰 수 ( )

㉗ 13 – 1큰 수 ( ) – 1큰 수 ( )

㉘ 19 – 1큰 수 ( ) – 1큰 수 ( )

# 10 50까지의 수의 크기 비교 복습 A

○ 안에 >, <를 사용하여 나타내세요.

1. 25 ○ 17
2. 31 ○ 27
3. 29 ○ 48
4. 64 ○ 58
5. 33 ○ 12
6. 15 ○ 32
7. 30 ○ 49
8. 34 ○ 11
9. 19 ○ 24
10. 41 ○ 15
11. 24 ○ 47
12. 24 ○ 48
13. 28 ○ 39
14. 45 ○ 16
15. 17 ○ 49
16. 26 ○ 38
17. 36 ○ 28
18. 27 ○ 15

정답 94쪽

| 공부한 날짜 | 맞힌 개수 | 걸린 시간 |
|---|---|---|
| 월 일 | /42 | 분 |

더 큰 수에 ○표 하세요.

⑲ | 30 | 44 |

⑳ | 42 | 18 |

㉑ | 32 | 40 |

㉒ | 18 | 27 |

㉓ | 11 | 29 |

㉔ | 22 | 39 |

㉕ | 20 | 46 |

㉖ | 43 | 31 |

㉗ | 37 | 48 |

㉘ | 45 | 19 |

㉙ | 14 | 34 |

㉚ | 27 | 36 |

더 작은 수에 △표 하세요.

㉛ | 23 | 35 |

㉜ | 31 | 16 |

㉝ | 44 | 39 |

㉞ | 28 | 34 |

㉟ | 13 | 27 |

㊱ | 25 | 46 |

㊲ | 32 | 21 |

㊳ | 41 | 34 |

㊴ | 43 | 21 |

㊵ | 15 | 37 |

㊶ | 43 | 18 |

㊷ | 17 | 22 |

# 11 50까지의 수의 크기 비교 복습 B

○ 안에 >, <를 사용하여 나타내세요.

❶ 40 ○ 45

❷ 19 ○ 13

❸ 32 ○ 37

❹ 28 ○ 21

❺ 48 ○ 47

❻ 14 ○ 15

❼ 16 ○ 15

❽ 28 ○ 26

❾ 29 ○ 20

❿ 30 ○ 35

⓫ 19 ○ 13

⓬ 27 ○ 21

⓭ 34 ○ 36

⓮ 48 ○ 43

⓯ 12 ○ 15

⓰ 20 ○ 24

⓱ 42 ○ 45

⓲ 49 ○ 46

정답 94쪽

| 공부한 날짜 | 맞힌 개수 | 걸린 시간 |
|---|---|---|
| 월 일 | /34 | 분 |

가장 큰 수에 ○표 하세요.

⑲ 31 39 33

⑳ 43 40 46

㉑ 16 18 11

㉒ 23 28 21

㉓ 22 27 25

㉔ 37 32 38

㉕ 14 17 10

㉖ 49 42 47

가장 작은 수에 △표 하세요.

㉗ 26 23 29

㉘ 33 30 39

㉙ 15 12 19

㉚ 20 27 23

㉛ 44 41 49

㉜ 21 28 24

㉝ 45 47 49

㉞ 15 10 14

# 나만의 캐릭터를
# 색칠하세요

# 나만의 캐릭터를
# 색칠하세요

# 참 잘했어요!

이름 ______________________

위 어린이는 쌍둥이 연산 노트 1학년 1학기 과정을

스스로 꾸준히 훌륭하게 마쳤습니다.

이에 칭찬하여 이 상장을 드립니다.

년 월 일

# 정답

# 1·1

초등 1단계

# 복습책

## 6쪽 01 1, 2, 3, 4, 5 알기 (A)

❶ 4에 ○표
❷ 2에 ○표
❸ 5에 ○표
❹ 1에 ○표
❺ 3에 ○표
❻ 1에 ○표
❼ 4에 ○표
❽ 2에 ○표
❾ 5에 ○표
❿ 3에 ○표

### 7쪽

⓫ 넷, 사
⓬ 둘, 이
⓭ 하나, 일
⓮ 셋, 삼
⓯ 다섯, 오
⓰ 하나, 일
⓱ 셋, 삼
⓲ 넷, 사
⓳ 다섯, 오
⓴ 둘, 이

## 8쪽 02 6, 7, 8, 9, 0 알기 (A)

❶ 0에 ○표
❷ 9에 ○표
❸ 6에 ○표
❹ 7에 ○표
❺ 8에 ○표
❻ 8에 ○표
❼ 0에 ○표
❽ 7에 ○표
❾ 9에 ○표
❿ 6에 ○표

### 9쪽

⓫ 아홉, 구
⓬ 여섯, 육
⓭ 여덟, 팔
⓮ 영
⓯ 일곱, 칠
⓰ 일곱, 칠
⓱ 여덟, 팔
⓲ 영
⓳ 여섯, 육
⓴ 아홉, 구

## 10쪽 03 몇째 알기 (A)

❶ 1, 6, 8 / 하나, 셋, 일곱, 아홉 / 넷째, 다섯째
❷ 2, 6, 9 / 둘, 다섯, 여섯 / 첫째, 셋째, 넷째, 여덟째
❸ 1, 3, 4, 6, 7 / 다섯, 여덟 / 둘째, 일곱째, 아홉째
❹ 3, 4, 6 / 하나, 일곱, 여덟 / 둘째, 다섯째, 여섯째, 아홉째
❺ 2, 3, 4, 5, 8 / 둘, 일곱, 아홉 / 첫째, 넷째, 여섯째

### 11쪽

❻ 

❼ 

❽ 

❾ 

❿ 

⓫ 

## 12쪽 04 수의 순서 알기 (A)

❶ 3, 4
❷ 4, 6
❸ 5, 6
❹ 5, 7
❺ 4, 5
❻ 1, 2
❼ 4, 7
❽ 2, 6
❾ 5, 7
❿ 2, 5
⓫ 6, 8
⓬ 6, 7

### 13쪽

⓭ 하나, 둘
⓮ 셋, 여섯
⓯ 넷, 여섯
⓰ 셋, 일곱
⓱ 여덟, 아홉
⓲ 둘, 넷
⓳ 삼, 오
⓴ 칠, 팔
㉑ 오, 칠
㉒ 사, 육
㉓ 삼, 오
㉔ 육, 칠

## 14쪽 05 수의 순서 알기 B

1 6, 4
2 5, 4
3 8, 5
4 8, 5
5 8, 7
6 6, 4
7 9, 5
8 8, 7
9 4, 2
10 6, 5
11 7, 3
12 4, 3

**15쪽**

13 여덟, 넷
14 다섯, 셋
15 다섯, 넷
16 여덟, 여섯
17 일곱, 넷
18 넷, 셋, 둘
19 사, 이
20 오, 사
21 삼
22 칠, 육
23 육, 사
24 육, 사

## 16쪽 06 1 큰 수와 1 작은 수 A

1 7/6, 8
2 5/4, 6
3 8/7, 9
4 4/3, 5
5 6/5, 7
6 3/2, 4
7 5/4, 6
8 2/1, 3

**17쪽**

9 7, 9
10 5, 7
11 7, 9
12 3, 5
13 4, 6
14 3, 5
15 4, 6
16 1, 3
17 6, 8
18 2, 4

## 18쪽 07 1 큰 수와 1 작은 수 B

1 4, 6
2 6, 8
3 2, 4
4 6, 8
5 7, 9
6 1, 3
7 5, 7
8 3, 5
9 7, 9
10 5, 7
11 3, 5
12 1, 3
13 4, 6
14 2, 4

**19쪽**

15 5, 6
16 2, 3
17 3, 4
18 6, 7
19 8, 9
20 4, 5
21 7, 8
22 4, 5
23 7, 8
24 8, 9
25 2, 3
26 3, 4
27 5, 6
28 6, 7

## 20쪽 08 수의 크기 비교하기 A

1 많습니다에 ○표
2 적습니다에 ○표
3 적습니다에 ○표
4 적습니다에 ○표
5 적습니다에 ○표
6 적습니다에 ○표
7 적습니다에 ○표
8 많습니다에 ○표
9 적습니다에 ○표
10 많습니다에 ○표

**21쪽**

11 왼쪽에 ○표
12 오른쪽에 ○표
13 오른쪽에 ○표
14 오른쪽에 ○표
15 왼쪽에 ○표
16 오른쪽에 ○표

17 오른쪽에 △표
18 오른쪽에 △표
19 왼쪽에 △표
20 오른쪽에 △표

## 22쪽 09 수의 크기 비교하기 B

1. 5에 ○표
2. 3에 ○표
3. 6에 ○표
4. 8에 ○표
5. 8에 ○표
6. 8에 ○표
7. 2에 ○표
8. 9에 ○표
9. 5에 ○표
10. 6에 ○표
11. 9에 ○표
12. 6에 ○표
13. 3에 △표
14. 2에 △표
15. 3에 △표
16. 5에 △표
17. 2에 △표
18. 3에 △표
19. 2에 △표
20. 2에 △표
21. 4에 △표
22. 1에 △표
23. 1에 △표
24. 3에 △표

## 23쪽

25. 9, 5에 ○표
26. 3, 2에 ○표
27. 8, 7에 ○표
28. 8, 9에 ○표
29. 6, 7에 ○표
30. 5, 7에 ○표
31. 4, 9에 ○표
32. 9에 ○표
33. 2, 0에 △표
34. 6, 4에 △표
35. 2, 4에 △표
36. 5, 8, 6에 △표
37. 3, 2에 △표
38. 1에 △표
39. 1, 2에 △표
40. 2, 4에 △표

## 24쪽 01 9까지의 두 수를 모으기 (A)

❶ ○○○○○○
❷ ○○○○○○○○
❸ ○○○○○○○
❹ ○○○○○○
❺ ○○○○○
❻ ○○○○
❼ ○○○○○○○
❽ ○○○○○○○○
❾ ○○○
❿ ○○○○○○○○○

**25쪽**

⓫ ○○○○○
⓬ ○○○○○
⓭ ○○○○○○○○
⓮ ○○○○○○
⓯ ○○○○○
⓰ ○○○○○○○○
⓱ ○○
⓲ ○○○○○○○
⓳ ○○○○○○○○○
⓴ ○○○○○○○

## 28쪽 03 9까지의 세 수를 모으기 (A)

❶ ○○○○○○○
❷ ○○○○○○○
❸ ○○○○○
❹ ○○○○○○○○
❺ ○○○○○○○○○
❻ ○○○○○○○○
❼ ○○○○○○○○○
❽ ○○○○○○○○
❾ ○○○○○○○○
❿ ○○○○○○○○

**29쪽**

⓫ ○○○○○○○
⓬ ○○○○○○○○○
⓭ ○○○○○○○○
⓮ ○○○○○○○○
⓯ ○○○○○○○
⓰ ○○○○○○○○○
⓱ ○○○○○○○○
⓲ ○○○○○○○○○
⓳ ○○○○○○○○
⓴ ○○○○○○○○○

## 26쪽 02 9까지의 두 수를 모으기 (B)

❶ 7
❷ 2
❸ 9
❹ 5
❺ 8
❻ 8
❼ 8
❽ 9
❾ 4
❿ 5
⓫ 4
⓬ 7
⓭ 7
⓮ 7
⓯ 6

**27쪽**

⓰ 5
⓱ 7
⓲ 6
⓳ 4
⓴ 2
㉑ 8
㉒ 5
㉓ 9
㉔ 7
㉕ 8
㉖ 3
㉗ 8
㉘ 8
㉙ 5
㉚ 5

## 30쪽 04 9까지의 세 수를 모으기 (B)

❶ 7
❷ 7
❸ 7
❹ 8
❺ 6
❻ 9
❼ 9
❽ 9
❾ 4
❿ 7

**31쪽**

⓫ 6
⓬ 7
⓭ 8
⓮ 9
⓯ 8
⓰ 5
⓱ 7
⓲ 9
⓳ 9
⓴ 5
㉑ 6
㉒ 7

## 32쪽 05 합이 9까지인 두 수 덧셈하기 A

❶ 5＋2＝7 / 예 5 더하기 2는 7과 같습니다.
❷ 2＋5＝7 / 예 2 더하기 5는 7과 같습니다.
❸ 4＋5＝9 / 예 4 더하기 5는 9와 같습니다.
❹ 6＋2＝8 / 예 6 더하기 2는 8과 같습니다.
❺ 1＋2＝3 / 예 1 더하기 2는 3과 같습니다.
❻ 3＋2＝5 / 예 3 더하기 2는 5와 같습니다.
❼ 7＋2＝9 / 예 7 더하기 2는 9와 같습니다.
❽ 4＋2＝6 / 예 4 더하기 2는 6과 같습니다.

### 33쪽

❾ 5＋4＝9 / 예 5 더하기 4는 9와 같습니다.
❿ 2＋6＝8 / 예 2 더하기 6은 8과 같습니다.
⓫ 2＋2＝4 / 예 2 더하기 2는 4와 같습니다.
⓬ 5＋1＝6 / 예 5 더하기 1은 6과 같습니다.
⓭ 6＋3＝9 / 예 6 더하기 3은 9와 같습니다.
⓮ 6＋1＝7 / 예 6 더하기 1은 7과 같습니다.
⓯ 1＋3＝4 / 예 1 더하기 3은 4와 같습니다.
⓰ 3＋5＝8 / 예 3 더하기 5는 8과 같습니다.

## 34쪽 06 합이 9까지인 두 수 덧셈하기 B

❶ 4, 5
❷ 1, 9
❸ 4, 4
❹ 3, 8
❺ 4, 7
❻ 6, 7
❼ 6, 9
❽ 5, 8
❾ 4, 8
❿ 4, 6

### 35쪽

⓫ 6
⓬ 9
⓭ 7
⓮ 2
⓯ 9
⓰ 7
⓱ 1
⓲ 8
⓳ 6
⓴ 8
㉑ 9
㉒ 6
㉓ 9
㉔ 3
㉕ 5
㉖ 9
㉗ 6
㉘ 7

## 36쪽 07 합이 9까지인 세 수 덧셈하기 A

❶ 4＋1＋1＝6 / 예 4 더하기 1 더하기 1은 6과 같습니다.
❷ 1＋1＋5＝7 / 예 1 더하기 1 더하기 5는 7과 같습니다.
❸ 1＋5＋2＝8 / 예 1 더하기 5 더하기 2는 8과 같습니다.
❹ 1＋3＋2＝6 / 예 1 더하기 3 더하기 2는 6과 같습니다.
❺ 1＋2＋3＝6 / 예 1 더하기 2 더하기 3은 6과 같습니다.
❻ 4＋3＋2＝9 / 예 4 더하기 3 더하기 2는 9와 같습니다.
❼ 1＋4＋3＝8 / 예 1 더하기 4 더하기 3은 8과 같습니다.
❽ 3＋4＋1＝8 / 예 3 더하기 4 더하기 1은 8과 같습니다.

### 37쪽

❾ 1＋2＋6＝9 / 예 1 더하기 2 더하기 6은 9와 같습니다.
❿ 1＋6＋1＝8 / 예 1 더하기 6 더하기 1은 8과 같습니다.
⓫ 1＋1＋1＝3 / 예 1 더하기 1 더하기 1은 3과 같습니다.
⓬ 1＋4＋4＝9 / 예 1 더하기 4 더하기 4는 9와 같습니다.
⓭ 5＋2＋2＝9 / 예 5 더하기 2 더하기 2는 9와 같습니다.
⓮ 1＋2＋2＝5 / 예 1 더하기 2 더하기 2는 5와 같습니다.
⓯ 2＋4＋2＝8 / 예 2 더하기 4 더하기 2는 8과 같습니다.
⓰ 1＋3＋1＝5 / 예 1 더하기 3 더하기 1은 5와 같습니다.

## 38쪽 08 합이 9까지인 세 수 덧셈하기 B

❶ 2, 2, 6
❷ 1, 1, 7
❸ 3, 0, 5
❹ 2, 2, 8
❺ 2, 4, 9
❻ 6, 1, 9
❼ 1, 4, 7
❽ 1, 2, 6
❾ 3, 3, 9
❿ 5, 1, 9

## 39쪽

⓫ 3
⓬ 7
⓭ 9
⓮ 6
⓯ 8
⓰ 8
⓱ 5
⓲ 7
⓳ 7
⓴ 6
㉑ 7
㉒ 6
㉓ 9
㉔ 8
㉕ 7
㉖ 8
㉗ 9
㉘ 2

## 40쪽 01 9까지의 두 수로 가르기 A

1 ○○○○
2 ○○○○○
3 ○
4 ○○○○○
5 ○○
6 ○○○○○○○
7 ○○○
8 ○
9 ○○○
10 ○○

### 41쪽

11 ○
12 ○○○○○
13 ○○○○
14 ○
15 ○○
16 ○○○○○○
17 ○○○○○
18 ○

## 42쪽 02 9까지의 두 수로 가르기 B

1 5
2 4
3 6
4 1
5 5
6 2
7 6
8 4
9 3
10 1
11 5
12 3
13 2
14 1
15 2

### 43쪽

16 1
17 1
18 2
19 1
20 4
21 3
22 2
23 2
24 3
25 7
26 6
27 7
28 5
29 8
30 3

## 44쪽 03 9까지의 세 수로 가르기 A

1 ○○
2 ○○○
3 ○○○
4 ○
5 ○○○
6 ○
7 ○
8 ○○○○○
9 ○○
10 ○

### 45쪽

11 ○○
12 ○○
13 ○○○○
14 ○
15 ○○○○○○○
16 ○○
17 ○○
18 ○○
19 ○○
20 ○○

## 46쪽 04 9까지의 세 수로 가르기 B

1 3
2 2
3 4
4 4
5 1
6 1
7 3
8 1
9 4
10 2

### 47쪽

11 5
12 4
13 3
14 1
15 1
16 3
17 1
18 1
19 4
20 1
21 4
22 2

## 48쪽 05 한 자리 수의 뺄셈하기 A

① 9－8＝1 / 예 9 빼기 8은 1과 같습니다.
② 5－3＝2 / 예 5 빼기 3은 2와 같습니다.
③ 7－4＝3 / 예 7 빼기 4는 3과 같습니다.
④ 9－4＝5 / 예 9 빼기 4는 5와 같습니다.
⑤ 8－5＝3 / 예 8 빼기 5는 3과 같습니다.
⑥ 9－2＝7 / 예 9 빼기 2는 7과 같습니다.
⑦ 7－2＝5 / 예 7 빼기 2는 5와 같습니다.
⑧ 4－1＝3 / 예 4 빼기 1은 3과 같습니다.

### 49쪽

⑨ 8－7＝1 / 예 8 빼기 7은 1과 같습니다.
⑩ 8－3＝5 / 예 8 빼기 3은 5와 같습니다.
⑪ 6－2＝4 / 예 6 빼기 2는 4와 같습니다.
⑫ 8－6＝2 / 예 8 빼기 6은 2와 같습니다.
⑬ 5－4＝1 / 예 5 빼기 4는 1과 같습니다.
⑭ 6－1＝5 / 예 6 빼기 1은 5와 같습니다.
⑮ 9－6＝3 / 예 9 빼기 6은 3과 같습니다.
⑯ 6－5＝1 / 예 6 빼기 5는 1과 같습니다.

## 50쪽 06 한 자리 수의 뺄셈하기 B

① 2, 5
② 2, 7
③ 1, 7
④ 1, 6
⑤ 3, 5
⑥ 8, 1
⑦ 5, 1
⑧ 1, 5
⑨ 7, 2
⑩ 3, 2

### 51쪽

⑪ 2
⑫ 3
⑬ 9
⑭ 1
⑮ 2
⑯ 3
⑰ 1
⑱ 5
⑲ 2
⑳ 3
㉑ 1
㉒ 8
㉓ 1
㉔ 2
㉕ 2
㉖ 4
㉗ 3
㉘ 1

## 52쪽 07 세 수로 덧셈식 만들기 A

① 4, 9, 5, 9
② 1, 7, 6, 7
③ 2, 9, 7, 9
④ 2, 6, 4, 6
⑤ 5, 8, 3, 8
⑥ 3, 5, 2, 5
⑦ 3, 9, 6, 9
⑧ 1, 9, 8, 9
⑨ 5, 6, 1, 6
⑩ 1, 8, 7, 8

### 53쪽

⑪ 1, 3, 2, 3
⑫ 2, 8, 6, 8
⑬ 3, 7, 4, 7
⑭ 6, 8, 2, 8
⑮ 4, 7, 3, 7
⑯ 3, 9, 6, 9
⑰ 1, 5, 4, 5
⑱ 2, 3, 1, 3
⑲ 3, 4, 1, 4
⑳ 5, 9, 4, 9

## 54쪽 08 세 수로 뺄셈식 만들기 A

① 9, 7, 9, 7
② 7, 4, 7, 4
③ 9, 1, 9, 1
④ 5, 4, 5, 4
⑤ 3, 2, 3, 2
⑥ 6, 2, 6, 2
⑦ 8, 7, 8, 7
⑧ 7, 4, 7, 4
⑨ 8, 3, 8, 3
⑩ 6, 2, 6, 2

### 55쪽

⑪ 7, 2, 7, 2
⑫ 9, 5, 9, 5
⑬ 8, 3, 8, 3
⑭ 4, 3, 4, 3
⑮ 7, 1, 7, 1
⑯ 4, 1, 4, 1
⑰ 6, 5, 6, 5
⑱ 7, 1, 7, 1
⑲ 9, 3, 9, 3
⑳ 6, 1, 6, 1

## 56쪽 01 10 모으기와 가르기 A

① 10 ② 10 ③ 10 ④ 10 ⑤ 10 ⑥ 10 ⑦ 10 ⑧ 10 ⑨ 10 ⑩ 10 ⑪ 10 ⑫ 10 ⑬ 10 ⑭ 10 ⑮ 10

### 57쪽

⑯ 8 ⑰ 3 ⑱ 6 ⑲ 5 ⑳ 9 ㉑ 5 ㉒ 9 ㉓ 1 ㉔ 3 ㉕ 4 ㉖ 4 ㉗ 7 ㉘ 2 ㉙ 8 ㉚ 7

## 58쪽 02 십몇 알기 A

① 19 ② 11 ③ 15 ④ 17 ⑤ 13 ⑥ 16 ⑦ 18 ⑧ 17 ⑨ 12 ⑩ 14

### 59쪽

⑪ 십육, 열여섯
⑫ 십사, 열넷
⑬ 십이, 열둘
⑭ 십삼, 열셋
⑮ 십칠, 열일곱
⑯ 십일, 열하나
⑰ 십오, 열다섯
⑱ 십육, 열여섯
⑲ 십구, 열아홉
⑳ 십팔, 열여덟

## 60쪽 03 십몇 모으기와 가르기 A

① ○○○○○○○○○○ ○○○○○○
② ○○○○○○○○○○ ○
③ ○○○○○○○○○○ ○○○○
④ ○○○○○○○○○○ ○
⑤ ○○○○○○○○○○ ○○○○
⑥ ○○○○○○○○○○ ○○○○○
⑦ ○○○○○○○○○○ ○○
⑧ ○○○○○○○○○○ ○○○○○○

### 61쪽

⑨ ○○○○○○○
⑩ ○○○○○○
⑪ ○○○○○○○○
⑫ ○○○○○
⑬ ○○○○○
⑭ ○○○
⑮ ○○○○○○○○○
⑯ ○○○○○

## 62쪽 04 십몇 모으기와 가르기 B

① 15 ② 13 ③ 12 ④ 12 ⑤ 11 ⑥ 14 ⑦ 15 ⑧ 12 ⑨ 11 ⑩ 14 ⑪ 16 ⑫ 12 ⑬ 11 ⑭ 11 ⑮ 18

### 63쪽

⑯ 4 ⑰ 6 ⑱ 6 ⑲ 2 ⑳ 7 ㉑ 7 ㉒ 7 ㉓ 6 ㉔ 8 ㉕ 7 ㉖ 9 ㉗ 5 ㉘ 9 ㉙ 3 ㉚ 5

## 64쪽 05 몇십 알기 A

❶ 30
❷ 40
❸ 20
❹ 50
❺ 40
❻ 50
❼ 20
❽ 30
❾ 30
❿ 50

### 65쪽

⓫ 이십, 스물
⓬ 십, 열
⓭ 삼십, 서른
⓮ 오십, 쉰
⓯ 이십, 스물
⓰ 사십, 마흔
⓱ 사십, 마흔
⓲ 이십, 스물
⓳ 사십, 마흔
⓴ 삼십, 서른
㉑ 십, 열
㉒ 오십, 쉰

## 66쪽 06 몇십몇 알기 A

❶ 46
❷ 31
❸ 28
❹ 29
❺ 41
❻ 39
❼ 45
❽ 32
❾ 43
❿ 37

### 67쪽

⓫ 이십육, 스물여섯
⓬ 삼십사, 서른넷
⓭ 사십칠, 마흔일곱
⓮ 이십이, 스물둘
⓯ 이십사, 스물넷
⓰ 이십일, 스물하나
⓱ 사십구, 마흔아홉
⓲ 삼십구, 서른아홉
⓳ 삼십팔, 서른여덟
⓴ 삼십오, 서른다섯

## 68쪽 07 몇십몇 알기 B

❶ 6 / 6, 46
❷ 1 / 1, 31
❸ 7 / 7, 47
❹ 9 / 9, 39
❺ 1 / 1, 21
❻ 40 / 40, 44
❼ 20 / 20, 25
❽ 40 / 40, 42
❾ 30 / 30, 38
❿ 20 / 20, 26

### 69쪽

⓫ 1 / 1, 41
⓬ 9 / 9, 49
⓭ 6 / 6, 36
⓮ 2 / 2, 22
⓯ 8 / 8, 38
⓰ 30 / 30, 34
⓱ 20 / 20, 29
⓲ 30 / 30, 33
⓳ 40 / 40, 45
⓴ 20 / 20, 28

## 70쪽 08 50까지의 수의 순서 알기 A

❶ 25, 28, 30, 32
❷ 20, 21, 22, 24
❸ 25, 28, 31, 34
❹ 35, 39, 40, 42, 43
❺ 32, 33, 34, 40, 41
❻ 29, 31, 34, 36

### 71쪽

❼ 37, 38
❽ 19, 20
❾ 23, 26
❿ 41, 42
⓫ 27, 30
⓬ 41, 42
⓭ 20, 22
⓮ 31, 33
⓯ 42, 43
⓰ 17, 19
⓱ 35, 36
⓲ 37, 40

## 72쪽 09 50까지의 수의 순서 알기 B

① 32, 34
② 21, 23
③ 43, 45
④ 17, 19
⑤ 19, 21
⑥ 22, 24
⑦ 38, 40
⑧ 14, 16
⑨ 33, 35
⑩ 45, 47
⑪ 30, 32
⑫ 27, 29
⑬ 25, 27
⑭ 15, 17

### 73쪽

⑮ 32, 33
⑯ 25, 26
⑰ 38, 39
⑱ 48, 49
⑲ 18, 19
⑳ 36, 37
㉑ 41, 42
㉒ 22, 23
㉓ 39, 40
㉔ 13, 14
㉕ 30, 31
㉖ 43, 44
㉗ 14, 15
㉘ 20, 21

## 74쪽 10 50까지의 수의 크기 비교 A

① >
② >
③ <
④ >
⑤ >
⑥ <
⑦ <
⑧ >
⑨ <
⑩ >
⑪ <
⑫ <
⑬ <
⑭ >
⑮ <
⑯ <
⑰ >
⑱ >

### 75쪽

⑲ 44에 ○표
⑳ 42에 ○표
㉑ 40에 ○표
㉒ 27에 ○표
㉓ 29에 ○표
㉔ 39에 ○표
㉕ 46에 ○표
㉖ 43에 ○표
㉗ 48에 ○표
㉘ 45에 ○표
㉙ 34에 ○표
㉚ 36에 ○표

㉛ 23에 △표
㉜ 16에 △표
㉝ 39에 △표
㉞ 28에 △표
㉟ 13에 △표
㊱ 25에 △표
㊲ 21에 △표
㊳ 34에 △표
㊴ 21에 △표
㊵ 15에 △표
㊶ 18에 △표
㊷ 17에 △표

## 76쪽 11 50까지의 수의 크기 비교 B

① <
② >
③ <
④ >
⑤ >
⑥ <
⑦ >
⑧ >
⑨ >
⑩ <
⑪ >
⑫ >
⑬ <
⑭ >
⑮ <
⑯ <
⑰ <
⑱ >

### 77쪽

⑲ 39에 ○표
⑳ 46에 ○표
㉑ 18에 ○표
㉒ 28에 ○표
㉓ 27에 ○표
㉔ 38에 ○표
㉕ 17에 ○표
㉖ 49에 ○표

㉗ 23에 △표
㉘ 30에 △표
㉙ 12에 △표
㉚ 20에 △표
㉛ 41에 △표
㉜ 21에 △표
㉝ 45에 △표
㉞ 10에 △표

# MEMO

# MEMO

☆ 대한민국 초딩이 알아야 할 모든 지식 ☆

# 또래퀴즈

## 우리 아이 척척박사 만들기 프로젝트

또래 퀴즈 호기심 퀴즈 백과

스프링북 | 정가 10,000원

COMING SOON

다음 시리즈도 곧 만나볼 수 있어요!

**또래 퀴즈 백과 시리즈**

세계 퀴즈 | 인물 퀴즈 | 과학 퀴즈 | 호기심 퀴즈 |
사회·문화 퀴즈 | 상식 퀴즈 | 한국사 퀴즈 | 신기한 퀴즈

이젠교육 EZEN EDUCATION

쌤과 망이 만든

# 쌍둥이 연산노트

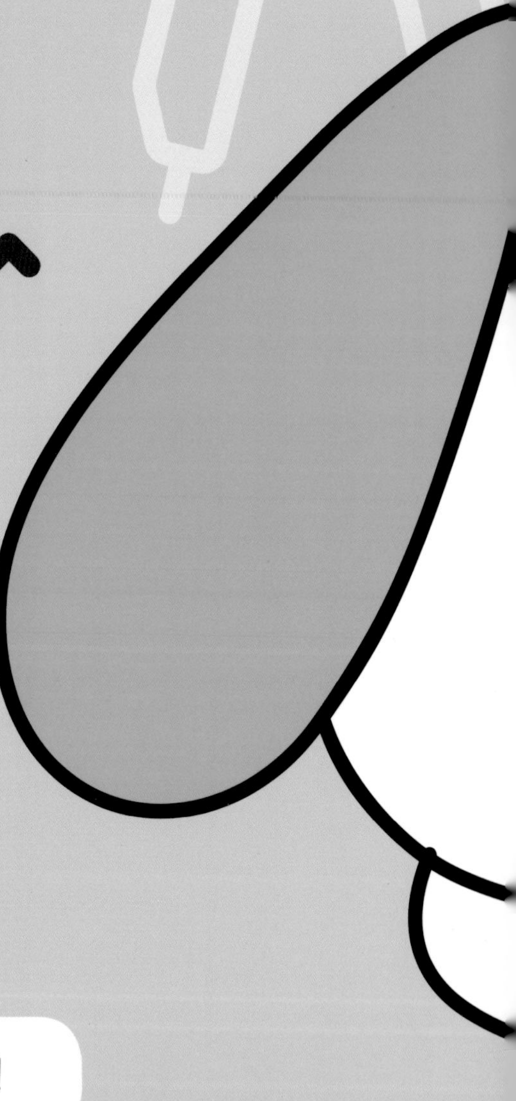

의 책이에요!

제 품 명: 쌍둥이 연산노트
제조자명: 이젠교육
제조국명: 대한민국
제조년월: 판권에 별도 표기
사용학년: 8세 이상
※ KC마크는 이 제품이 공통안전기준에 적합하였음을 의미합니다.

값 9,500원
ISBN 979-11-90880-51-0